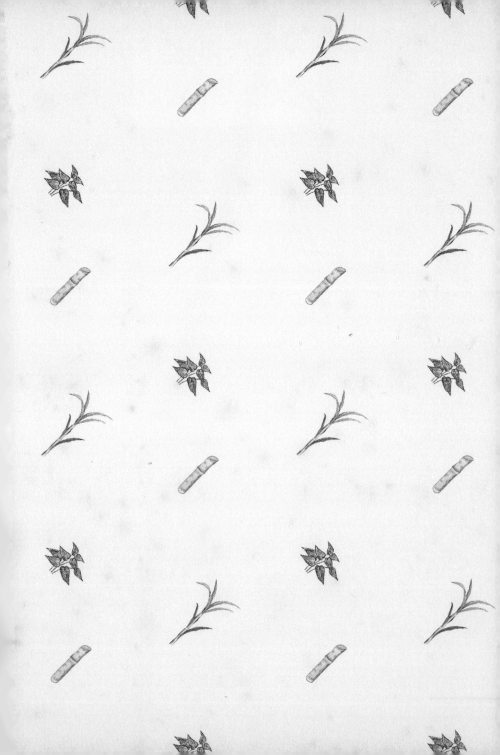

甜蜜蜜

到臺南　找甜頭

目錄

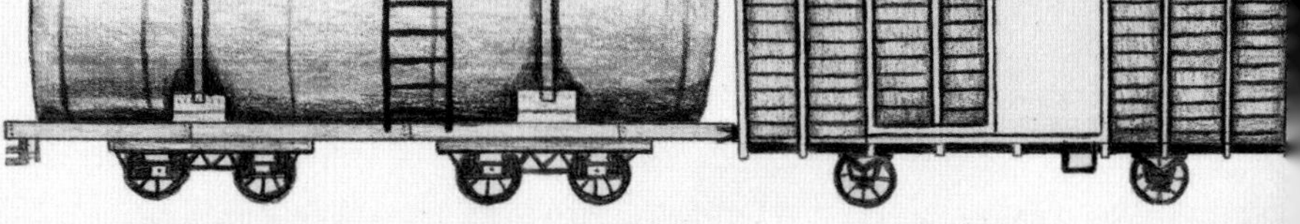

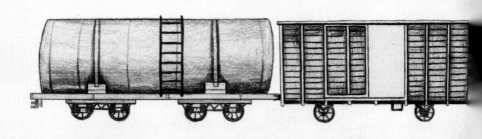

Chapter 3 甜蜜旅程

附錄

【序一】秋燥，宜吃甜讀甜夢甜甜

臺南人對於氣溫畏寒，對於美食則喜甜，於是秋涼成了吃甜的好季節。從熱騰騰的紅豆湯、米糕粥到現炸的白糖粿，當秋風起兮，街坊巷弄即陸續上市。

我的生肖屬螞蟻，這是家母在我童年時戲謔的話語。確實，對於甜味我是無法招架的，甚至走入文史工作，從事田野調查之際，對於糖業也有說不出的好奇與好感。美食寫作時，總也喜歡探究「為何臺南的美食總是偏甜？」一些推敲，一些探究，順著甜味的蹤跡，我像一隻螞蟻敏感地豎著兩根長長觸角，東嗅嗅，西聞聞。

過去臺灣有近約五十座現代化的糖廠，目前仍在運作的僅剩善化糖廠、虎尾糖廠。每年「冬至」節氣，糖廠這天會啟動所有設備，煙囪開始整天冒著白氣，裊裊騰騰，小鎮的天空瀰漫著幸福的糖味，北風南吹，直到次年的春分節氣前後，蔗田的甘蔗已經砍伐殆盡，廠房也跟著歇息。我去過虎尾糖廠，也曾走近善化糖廠，喜歡遙想那個美麗而忙碌的時代，五分車穿梭城市前往郊外蔗田的景象。

一六二四年，荷蘭人來了，他們啟動「臺灣：會釀蜜的蜜蜂」的想像，招來先民旅居這座島嶼，開始大量種植甘蔗，結果漳州人來了，泉州人來了，福州人來了，水牛也來了……，我的美食書寫，便順著這道「糖的歷史路徑」，爬梳出原來「臺南人也是生肖屬螞蟻」的有趣結論。

臺南美吃都偏甜？是的（驕傲，握拳）！福州菜偏甜有點近乎無錫，其實蘇州菜、杭州菜也是。愛吃甜的城市都有些共通性，富庶而且講究。臺南與福州的美食淵源緊密得很，福州菜甜得神出鬼沒，這點，臺南美食有聯結到了。自從鄭成功來了後，臺南的料理便與福州菜若即若離，明的，自立門派自成一格；暗的，一脈相傳有跡可循。

話說，福州菜偏甜始於元朝，元朝由於東西文化交流，使得福州在製糖方面具備了世界一流的工藝水準，福州一帶成了蔗糖的重要產區。到了明朝，糖業更擴大到福建整個地區。明鄭時期之前，「糖文化」已經隨著先民來到了臺南，話說荷蘭人在臺南發展糖業，當時所倚賴的製糖人力、技術，甚至水牛、黃牛都來自福建。這也說明了，當鄭成功來臺南後，糖業的發展是無縫接軌的。而臺南小吃更因此多了福州菜料理的基因，偏甜，愛吃甜，也成了這座舊城人們驕傲的地方之一了。

說臺南小吃，我口沫橫飛。寫臺南糖產業的歷史，好友黃微芬筆下的細膩與寬闊，我是無法望其項背的。認識她，因為她從事記者一職；喜歡她，因為她書寫的專業觀點與對人的關懷。我有幸，先拜讀了她的《甜蜜蜜——到臺南找甜頭》大作，順著她的筆尖，從第一篇「甜蜜時代」展開糖歷史的認識，但讓我如獲至寶卻是在第二篇「甜蜜人生」的糖業職人現身說法，她的資訊與史觀滿足了我對於「甘蔗食材」的學習渴望。我自己的書寫有一部分篇章是關於「食材的故事」，因為我認為那是「食物教育」重要的基礎，於是我寫酪梨、西瓜、龍眼、蘿蔔、蘆筍、菱角、綠竹筍、大白柚、釋迦、芒果、花生、苦瓜、木瓜等等，但是重要而龐大的「甘蔗」知識系統卻是我不敢輕易去碰觸的。

讀著微芬的文字，總覺得有糖香泛出，她鉅細靡遺地整理資料，書寫她的經驗與觀察，更精彩的是：職人專訪的那些篇章，記者出身的她究竟不同，如果是我來訪談一定淪為乏味之作。可是，細細讀著她所記錄的每一個人專任工作，真能感覺著甘蔗汁開始在糖廠鍋爐裡煮沸，然後依序分流到不同的工序，這些人，都是一輩子把一件事做好的「職人」，他們談著他們的工作，清楚而且完整。微芬的文字也把他們的熱情記錄了下來，真是難得。

附錄的副產品篇章：臺糖冰棒、健素糖，微芬的文字變軟了，我的美食經驗也浮現了出來，健素糖的消失是我最揪心的一件事，我可以問：「臺糖，你會考慮讓健素糖重出江湖嗎？」因為我實在太懷念它了。令人振奮的好消息是，一些退役的舊糖廠如今蛻變成文化園區、博物館，在我們緬懷糖業的過去種種之際，新生的蝴蝶帶來了美麗的幻色，重新書寫「新可能的甜甜夢想」。

作家・臺南文史工作者
王浩一

【序二】最甜蜜的文化資產

總爺藝文中心林木蒼鬱清幽，過去是日治時期臺南麻豆總爺糖廠的所在地，擁有豐厚產業歷史與文化，也是國內推動產業文化資產保存與活化再利用的重要基地；此次出版《甜蜜蜜──到臺南找甜頭》一書，旨在記錄、建構臺南地區糖產業文化發展的歷史脈絡，找尋出這塊土地一路走來的完整圖像。

甘蔗不僅帶來甜蜜蜜的滋味，因甘蔗而滾動的經濟轉輪，自荷蘭時期到日本統治臺灣，乃至於國民政府遷臺後的五〇、六〇年代，更是經濟命脈，對於臺灣社會的生存發展功不可沒。

本書從臺灣糖業整體的發展著眼，再聚焦臺南地區糖廠、糖業的發展，並訪談臺南地區糖廠員工，透過臺糖元老的回憶與見證，帶領讀者從糖廠本身出發，認識曾經輝煌一時的製糖事業和製糖科技。日治時期開始引進的新式機械化製糖工場，即以「汽電共生、環保節能」方式製糖，從老員工的生命經驗中，萃取製糖工作者人生的精華，讓讀者瞭解蔗糖生產過程中累積豐厚的有形與無形文化資產。

臺南市政府總爺藝文中心推動產業文化資產保存、活用等工作已有相當良好的基礎，本局樂見臺南市政府更深化地推動地方文化資產宣導工作；本書的出版，不但豐富了糖業文化資產的考證與閱讀資料，讓國人更瞭解糖業文化是臺灣文化的重要表徵，而對於糖業文化資產的保存與發揚，相信更具有前瞻性的貢獻。

文化部文化資產局　局長

施國隆

【序三】到臺南探訪甜蜜源頭

甘蔗是臺灣的特產，自二次大戰結束後，國民政府將原由日本人經營的大日本、臺灣、明治及鹽水港等四家製糖會社合併，成立臺灣糖業股份有限公司，臺糖的營運寫下臺灣經濟發展史重要的一頁。其中臺南是日治時期新式製糖工場的大本營，延續著嘉南平原的產業發展命脈，儘管因產業結構改變而導致製糖產業式微，然而過去豐厚的糖業文化底蘊，已成為臺南地區重要的文化資產。

甘蔗，蔗糖，甜蜜蜜！夏日微風吹著蔗林沙沙作響，蔗園裡飄著蔗香，甜蜜蜜的滋味老少皆喜；五分車穿梭在田間小路，稻香綠蔭，田園風光盡收眼底，搭載著童年追火車偷甘蔗的甜蜜回憶；糖廠轟隆隆的機器聲震耳欲聾，蔗糖的甜蜜滋味由此而生。從蔗苗種植、甘蔗採收、運送、壓榨、清淨、結晶到分蜜，甘蔗的產銷帶動大臺南成為糖業重鎮，也開啟了地方糖業文化的風華時代。

在產業結構變化洪流中，大臺南有幸留下彌足珍貴的糖業文化資產，其中善化糖廠更是全臺唯二仍在運作的糖廠（另一處為雲林縣虎尾糖廠）。在文化部補助下，糖業產業文化資產再生計畫蓬勃發展，退役的糖廠經活化搖身為休閒園區及藝文展演空間，成功賦予老糖廠新生命，寫下糖業文化新序章，也是糖業文化歷史空間再利用的最佳典範。

本書《甜蜜蜜——到臺南找甜頭》分為甜蜜時代、甜蜜人生及甜蜜旅程三個部分。除了完整刻劃臺灣糖業歷史，也從各堅守崗位的從業人員口述訪談，一覽甘蔗從種植到榨製成品的生產過程，同時汲取糖業工作者的人生經驗，透過形聲色的文字描述及生動的插圖來豐富讀者的感官，彷彿與從業人員一起肩負這甜蜜的負荷。此外，本書規劃糖業巡禮路線，結合糖業文化與休閒，為到臺南找甜頭增添許多趣味。

臺南市政府文化局長期致力地方產業再生發展，嘗試在傳統糖業文化與產業轉型中碰撞出新的火花，找尋糖業文化的無限可能。希冀透過本書的出版，能留下珍貴的製糖文獻，並能循著本書的軌跡，像小螞蟻般，一同到臺南找甜頭，憶想當年糖業生產的繁盛與生活的甜蜜。

臺南市政府文化局　局長

葉澤山

CHAPTER 1

甜蜜時代

從荷蘭時期開始，臺灣南部便是「糖」的重要產地，
尤其是臺南府城，因為漢人開發墾拓早且土地肥沃，
自古便成為重要的糖業發展中心。
日治以後，日本政府更積極地發展糖業，
一九〇一年全臺第一座新式糖廠在橋仔頭（今高雄橋頭）動工興建，
寫下臺灣糖業發展的里程碑，
也為現代化製糖展開新的一頁。
歷經三百多年的時空流轉，
臺灣糖業發展雖不復往日輝煌，
但到糖廠吃枝仔冰、坐小火車上學、「送甘蔗給會社磅」的時代，
仍長駐老一輩民眾腦海中。

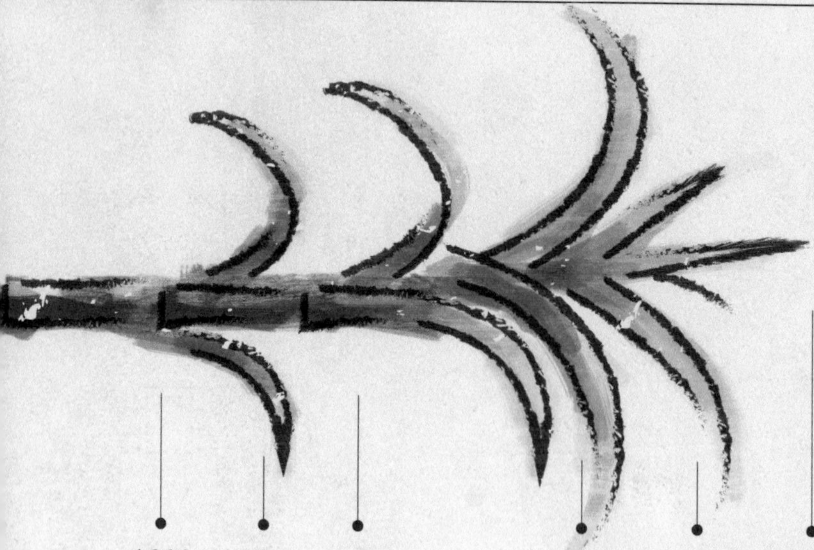

1349

元朝汪大淵《島夷志略》中記載，琉球人已知「煮海水為鹽，釀蔗漿為酒」，為臺灣最早出現甘蔗的紀錄。

1624

荷蘭人入主臺灣。《巴達維亞城日記》中記載「蕭壠產甘蔗」，可知臺南一帶平埔族已有種植甘蔗。

1636

荷蘭時期，赤崁（今臺南）附近漢人所生產的白糖交付荷蘭東印度會社轉售日本，約有白糖一萬二千多臺斤、赤糖（黑糖）十一萬多臺斤，甘蔗栽培面積也日漸擴展。

1652

臺灣蔗田面積約達稻田的三分之一，外銷日本的糖量更有八萬擔（約合四千八百公噸）之多。

1662

明鄭時期，獎勵種蔗，自大陸引進竹蔗。

1666

臺灣成為世界重要產糖地，年產量增至一萬八千公噸，大多外銷至日本、呂宋等地。

臺南糖業大事紀

1858

天津條約簽訂後，臺南、淡水、打狗等地陸續開港，讓臺灣糖行銷到世界各地，年銷百萬斤。

1900

「臺灣製糖株式會社」在東京成立，為臺灣最早的新式製糖會社。

1901

臺灣第一座現代化新式糖廠（橋仔頭工場）動工興建。隔年正式開工製糖。

1902

臺灣總督府頒布「臺灣糖業獎勵規則」，成立臨時臺灣糖務局。「維新製糖合股會社」成立，第一家臺灣人成立的新式糖廠，也是臺南最早的新式糖廠。

1903

五月，「蘇荳製糖會社」成立。十二月，臺南富豪王雪農等人發起成立「鹽水港製糖株式會社」。

1906

明治製糖株式會社設立「蕭壠第一工場」、「蒜頭第二工場」。

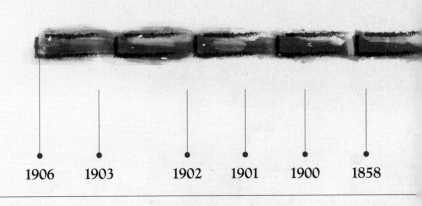

- **1908** 新營工場完工，鹽水港製糖株式會社由岸內遷至新營。
- **1909** 鹽水港製糖株式會社岸內工場試製「耕地白糖」成功。鹽水到新營開始糖鐵客運服務，為臺灣第一條客運五分車。臺灣製糖株式會社合併臺南製糖株式會社。
- **1910** 明治製糖株式會社「總爺第三工場」動工興建。車路墘製糖工場（今仁德糖廠）落成啟用。
- **1927** 東洋製糖株式會社第二工場由明治製糖併購，成為「烏樹林工場」。
- **1935** 臺灣始政四十週年博覽會專設糖業館，標榜糖業是臺灣文化之母。
- **1946** 五月一日成立「臺灣糖業股份有限公司」。
- **1958** 蕭壠糖廠與總爺糖廠合併為「麻佳總廠」，車路墘與

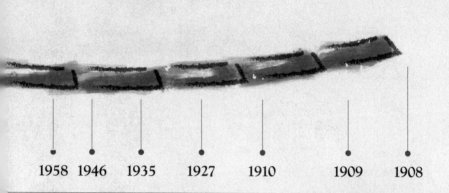

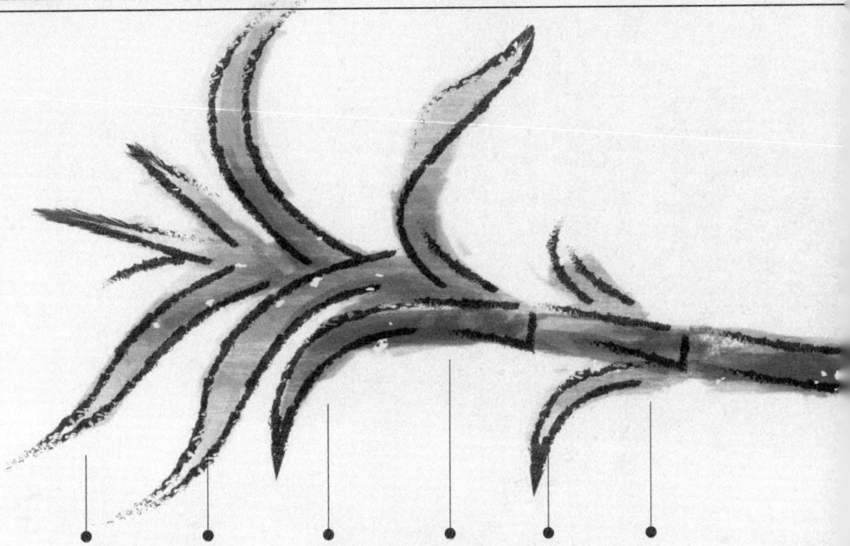

三崁店兩廠合併為車崁糖廠。

1974

新營總廠塑膠加工廠正式開工生產。麻佳總廠改制，分設麻豆、佳里兩糖廠。

1983

烏樹林糖廠結束製糖。

1994

麻豆糖廠停止製糖。廠內辦公區建築於一九九九年列為古蹟，二〇〇一年以「總爺藝文中心」活化再利用。

1998

佳里糖廠關閉。二〇〇五年規劃為「蕭壠文化園區」正式對外開放。

2001

烏樹林五分車復駛，轉型為觀光田園列車。同年，新營總廠製糖工場關閉。

2003

仁德糖廠關閉。二〇〇七年十鼓擊樂團進駐並規劃為「十鼓仁糖文創園區」。

打開臺南糖業發展史

臺南自荷蘭時期開始，便是臺灣糖業的發展中心。日治時期新式製糖工場的引進，讓臺灣糖業邁入全新的領域，一九〇一年第一座現代化新式糖廠（橋仔頭工場）動工興建，一九〇二年臺資「維新製糖會社」開啟臺南新式製糖的濫觴，明治製糖株式會社、鹽水港製糖株式會社紛紛也把本社設在臺南，足可見臺南在臺灣製糖產業中的重要地位。

日治以前的舊式糖廍

臺灣真正大規模生產蔗糖，可推溯自荷蘭時期。當時荷蘭人為打造臺灣為海上的貿易據點，亟需大批勞力從事生產，因此積極以免稅、提供土地和生產工具等條件，吸引更多的漢人來臺；再加上明萬曆崇禎年間（一五七二～一六四三）因大陸普遍發生飢荒，更加速了大量移民來臺，這些移民大多從事墾荒種蔗與製糖的工作，因而奠定臺灣糖業發展的雛形。

明鄭時期為了反清復明的大業，採寓兵於農政策，自福建輸入新蔗種「竹蔗」，並招聘造糖師來臺，改良製糖方法，使臺灣砂糖的產量大增。到了十八世紀初，蔗田廣布於嘉南平原、高雄平原一帶，郁永河在《裨海紀遊》裡描述了他在一六九七年自鹿耳門登陸後所看到的臺灣蔗園風光及製糖情形：「蔗田萬頃碧萋萋，一望蘢蔥路欲迷；綑載都來糖廍裡，只留蔗葉餉群犀。」他還特別註解，「取蔗漿煎糖處曰糖廍。蔗梢飼牛，牛嗜食之。」

從清初的「采風圖」可以看出早期臺灣人採蔗與製糖的大致流程。

「糖廍」，是指用牛隻拉石磨榨取蔗汁及煮糖的造糖場，舊稱「蔗車」，其建築形式是由圓錐形的棚屋及熬糖屋兩部分構成，底部寬約五十尺、高約三十尺，內部由十六根龍眼樹幹或麻竹為基柱支撐，屋頂則以茅草、稻草或蔗葉等鋪蓋而成。內部置有兩個直徑六十公分、高七十五公分的花崗石圓柱形石磨，每個石磨上均有溝槽，溝槽上有硬木齒輪，可以連帶著滾動，採收下來的甘蔗便是放在兩石磨之間，由牛隻帶動石磨旋轉，互相咬合，達到榨汁的目的。榨過後的蔗渣還會再經過二、三次的硤榨，至蔗汁全部被榨盡為止，流下來的蔗汁則透過竹管流入熬糖室煮糖。

臺灣的舊式糖廍，到清光緒中葉（一八九〇年）時達到最高峰，臺北有九十一所、臺中一千一百一十四所、臺南一千零五十七所、宜蘭七所、臺東六所，合計二千二百七十五所；絕大部分都集中在臺南，顯示臺南地區早期製糖的盛況。

日人引進新式製糖工場

清領時期的臺灣，雖然已有相當成熟的糖廍產業鍊，但就生產技術而言，直到日本人引進新式製糖工場，才使臺灣的糖業邁入一個現代化全新的階段。

自古日本就是臺灣糖對外輸出的主要國家之一，乾隆年間《重修福建臺灣府志》提到：「長岐最愛臺貨，其白糖、青糖、鹿獐等皮價倍他物。」日本統治臺灣後，訂定糖業為重點產業，以提升臺灣糖業的現代化工業生產為目標——第一家來臺設廠的是三井財團，於一九〇〇年十二月設立「臺灣製糖株式會社」，翌年二月在臺南廳橋仔頭（今高雄橋頭）興建臺灣第一座現代化新式糖廠——橋仔頭工場（一九〇二年開工），揭開臺灣糖業工業革命的序幕。

為進一步發展臺灣糖業，第三任民政長官後藤新平找來了農學博士——新渡戶稻造，為臺灣的糖業把脈。新渡戶稻造在考察歐洲及其殖民地的農業情形後，於一九〇一年九月，向總督府提出了「臺灣糖業改良意見書」，具體提出了七項改良方案。翌年六月十四日，臺灣總督府據此頒布了「臺灣糖業獎勵規則」，其目的是期望吸引日本資本家來臺投資現代化的糖廠，對舊式糖廍則採否定態度，因而有「改良糖廍」的出現。

「改良糖廍」顧名思義是維持原有的舊式糖廍形式，但內部則改裝新式製糖設備，以機械取代牛力來運轉，因生產技術及產量均優於舊式糖廍，而吸引許多臺灣資本家競相設立，從一開始（一九〇五年）只有四家，到一九一一年時已有七十四家，達到最

蕭壠製糖所（佳里糖廠，今蕭壠文化園區），是明治製糖株式會社在臺灣建立的第一個製糖工場。

高峰；新式製糖廠在這六年內，也從七家增為二十一家；舊式糖廍則在改良糖廍及新式製糖廠的夾擊下，迅速萎縮，大幅關閉了超過五百家。

臺南新式糖廠的發展

自頒布「臺灣糖業獎勵規則」後，臺灣糖商終於願意對砂糖事業的生產投入資本，一九〇二年七月創立的「維新製糖合股會社」，便是臺灣人最早成立的新式製糖廠；緊接著一九〇三年十月創立「蘇荳製糖會社」；十二月成立「鹽水港製糖株式會社」；一九〇四年五月設立的「臺南製糖株式會社」，是由灣裡（今善化）分蜜工場及分布在臺南各地的四座改良糖廍組成，股東幾乎包括了大部分臺南重要的紳商。除了臺南地區以外，另有一九〇三年四月打狗著名糖商陳中和成立的「新興製糖合股會社」（位今高雄鳳山大寮），以及一九〇三年七月阿緱（今屏東）地區的糖商和地主成立的「南昌製糖」。

這六家臺資的新式糖廠，規模都不大，運作初期也是狀況百出，唯一有獲利的是「蘇荳製糖會社」，但過於保守的經營策略，讓它的生產規模始終是一個擁有六十萬噸壓榨能力的小型分蜜糖工場。因此當「明治製糖株式會社」挾其三菱財團相關企業背景來臺設廠，打算在蕭壠成立第一工場之前，便首先鎖定併購「蘇荳製糖合股會社」，一九〇七年八月改為「蘇荳工場」；至於位於西港仔堡八份庄的「維新製糖合股會社」，則在明治製糖打算興建第三工場時，為確保原料的供應充足，進行了併購，改為「維新工場」。

明治製糖的第三工場選在蔴荳街溝仔墘庄總爺，一九一〇年九月開始動工，隔年六月本社事務所等大部分的建物竣工後，會社總部即由蕭壠移到總爺去，一九一二年一月開始試營運生產，即為總爺製糖所（今總爺藝文中心）；至於「蔴荳」及「維新」這兩家小型工場，則從此走入歷史。

明治製糖在臺南的版圖，還有位於後壁的烏樹林糖廠。該糖廠原是「東洋製糖株式會社」在一九一〇年底成立的第二工場，一九二七年東洋製糖破產後，由明治製糖併購，成為烏樹林工場。

本屬臺資的「鹽水港製糖株式會社」也因遭逢水災和機器故障，一開始的運作並不順利，因此不得不引入日資，經營情況才大為好轉，除了岸內工場壓榨能力提升外，還在新營庄設製糖工場。俟新營工場在一九〇八年十月完工後，鹽水港製糖的本社就從岸內遷到新營來。

鹽水港製糖是臺灣第一家製作「耕地白糖」的會社。所謂「耕地白糖」，是直接以甘蔗為原料，壓榨後蔗汁經清淨，直接製作成白糖。臺灣糖業雖在日治後引進了西方的現代化機械生產，但在日本政府的殖民心態中，臺灣只是日本糖業的「原料區」，所生產的粗糖是要運回日本製成精緻白糖，再把這些白糖銷回臺灣或外銷其他國家，但在臺投資的日本資本家為追求利潤並減少運輸成本的開支，紛

麻豆糖廠原是日治時期的「總爺製糖所」，也是明治製糖株式會社的本社所在。

紛投入精糖的研究，唯獨只有鹽水港製糖在派技師到印尼爪哇考察後，於一九〇九年十二月在岸內第一工場試製成功，翌年正式生產「耕地白糖」，從此各地製糖會社紛紛跟進，寫下臺灣糖業史的新里程碑。

「臺灣製糖株式會社」由三井財團所創立，是日本政府為發展臺灣新式糖廠，第一個找來的日資財閥，三井以第一個在橋仔頭設置的製糖工場做為起點，透過增資擴廠、併購及收購原料土地等手段，逐步建立起它在臺灣的糖業王國。一九〇九年十月合併位於灣裡的「臺南製糖株式會社」，更名為「灣裡製糖所」（今善化糖廠），並在一九二八年一月擴建新工場；在此同時，臺灣製糖株式會社也開始著手規劃興建車路墘製糖工場（今仁德糖廠）。勢力範圍橫跨當時的臺南廳及阿緱廳，甚至中部的埔里及北部的臺北也都設有製糖所。

除了以上由明治製糖、鹽水港製糖及臺灣製糖三大株式會社所掌握的新式糖廠外，日治時期在臺南，還有大日本製糖株式會社所轄的玉井製糖所。大日本製糖於一九〇六年底正式在臺灣設廠，是日俄戰爭（一九〇四年二月八日—一九〇五年九月五日）結束後才來臺投資的日本財團之一，最早是在斗六廳五間厝設置製糖工場（虎尾製糖所，今虎尾糖廠），一九〇八年開始製糖，一九三九年合併噍吧哖製糖工場，並將場名改稱為玉井製糖所。此噍吧哖製糖工場原是臺灣人陳鴻鳴等人在一九〇六年創建的「永興製糖公司」，屬改良糖廍形式，一九一三年及一九二八年先後被「臺南製糖株式會社」（在宜蘭成立的日資）及昭和製糖株式會社併購，一九三九年再改歸大日本製糖株式會社。

戰後臺糖延續命脈

戰後，國民政府接收「日糖興業」（原「大日本」）、「臺灣」、「明治」、

「鹽水港」等四大製糖株式會社共四十二所糖廠，於一九四六年五月一日在上海成立「臺灣糖業股份有限公司」，展開重建工作——第一波先將四十二所糖廠合併成三十六個廠，並採區分公司制度，第一區分公司設在虎尾、第二區在屏東、第三區在總爺、第四區在新營；一九五〇年再改為總廠制，設臺中、虎尾、新營、總爺、屏東五個總廠，各有所轄區域。

總計臺南地區所轄的糖廠，共有新營、岸內、烏樹林、麻豆、佳里、善化、永康、仁德、玉井等九所；加上生產飼料、酵母等副產品的新營副產加工廠在內，在臺糖的事業體系中，臺南糖廠占有重要的份量。惟因國際糖價長期低迷及臺灣加入世界貿易組織的雙重影響下，臺灣糖業日益萎縮，糖廠風光不再，各地糖廠陸續走上關廠之路，臺南也不例外，今僅存善化糖廠仍在生產中，與虎尾糖廠成為全國唯二的壓榨甘蔗糖廠，延續臺灣糖業製糖的命脈。

所幸，近幾年在文化資產活化再利用的熱潮下，各地閒置荒廢的糖廠紛紛以不同的面貌展現，有的成為藝文重鎮，有的化身為鼓樂場所，有的可乘坐五分車觀光……，讓臺南糖業走出精彩多元的新風貌。

CHAPTER 2 甜蜜人生

雖然昔日製糖的輝煌歲月不再，
但走進現今仍在運轉的善化糖廠，
迎面而來的空氣中夾雜著甜甜的糖香，
讓人不禁懷想臺灣曾有的甜蜜。

到底如此這般的甜蜜滋味是如何製造出來的？
而甜蜜背後曾有什麼樣的故事發生？
就讓十七位畢生獻身糖產業的甜蜜職人一一說與你聽！

糖是怎麼做出來的？

臺灣傳統的舊式糖廍，是以牛隻為動力，拉動石磨壓榨甘蔗，取汁煮糖，這樣的製糖技術，不僅速度慢，產量也有限。直到日治後引進西方的製糖技術，才真正掀起臺灣糖業的工業革命。以下則是新式的製糖流程。

一、種植

早期需由人工採擷長約一尺、有兩個芽的「雙芽苗」，再運到蔗田裡種；後改為半機械、半人工，將機器採收下來的「全莖苗」接裝在卡車上運送到蔗田，再由另一部抓蔗機將苗放在蔗田內，然後由工人一根根、頭尾相連地排放在畦溝內。二〇一四年起開始施行機械種蔗，從翻土、種植、覆土到整平土地，都可一次搞定。

二、採收

早期採收還是需依賴人力，直到一九七〇年才開始試行機械採收；一九八〇年起陸續引進新型「青葉採收機」，不須先開火路，也不必剝除甘蔗葉，採收下來的甘蔗即可立刻送到裝蔗卡車上。

三、運送

日治時期為解決甘蔗搬運的問題，鋪設糖鐵，以五分車取代牛車，將採收下來的甘蔗運回糖廠。

採蔗機

卡車接運　　機械採收

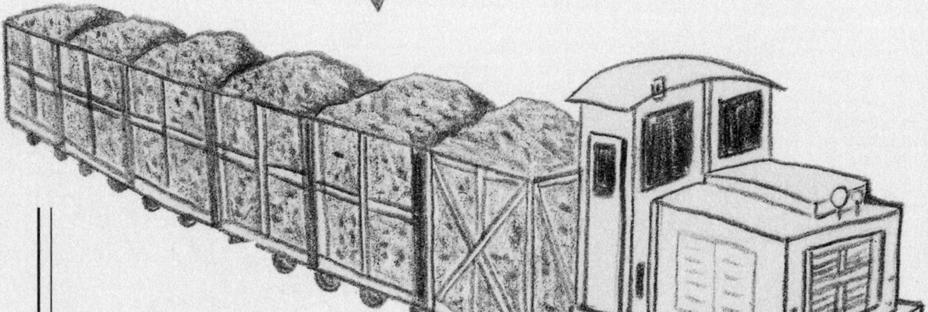

五分車運蔗進廠

四、壓榨

甘蔗進廠後，先進行「除砂」，把甘蔗雜質去掉；之後切成如筷子般長短及粗細；再送「細裂機」，進一步把甘蔗表皮及纖維撕裂，才能進入壓榨機。經過四重壓榨，將甘蔗擠壓為「蔗汁」及「蔗渣」兩部分。

五、清淨

壓榨室送來的蔗汁，經過加熱器加熱至攝氏一百零三至一百零五度，加入石灰乳，調整成為「加灰汁」，之後即可進入連續沉澱槽，使其懸浮物沉澱至底部成為泥漿，上層即可見清晰的蔗汁，此即為「清淨」的過程。清淨汁再送五效蒸發罐，使其真空蒸發而逐漸濃縮形成粗糖漿。

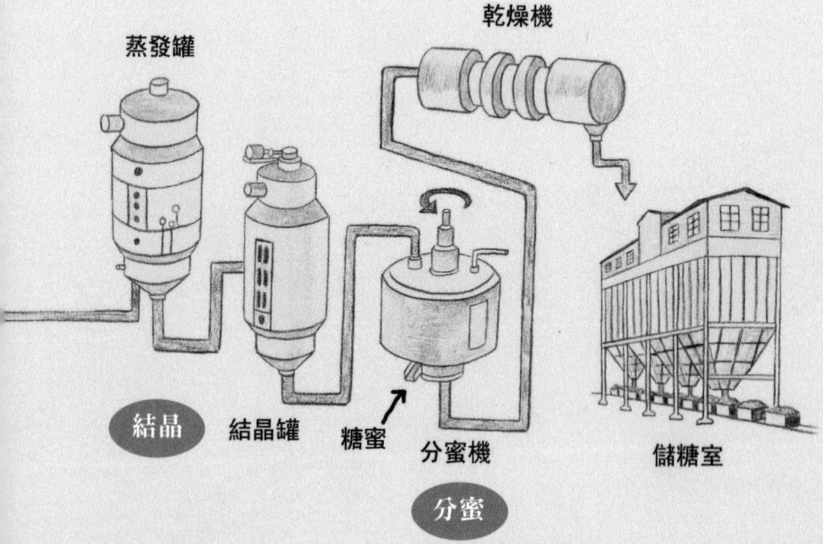

六、結晶

將蒸發後的粗糖漿，送入結晶罐中，在真空減壓及蒸汽加熱的狀態下，糖漿濃縮至飽和點，此時加入糖種養晶，使結晶粒逐漸長大成「糖膏」，再送往攪拌機攪拌即可。

七、分蜜

「糖膏」為結晶糖與糖蜜的混合物，須經由分蜜機運用離心力，將糖與糖蜜分開。留在分蜜機內的成品即為「砂糖」，經檢驗合格及乾燥程序後，即可包裝販售到各地去；而糖蜜，則再回送至結晶室重新煮糖，回收糖蜜中的糖分。

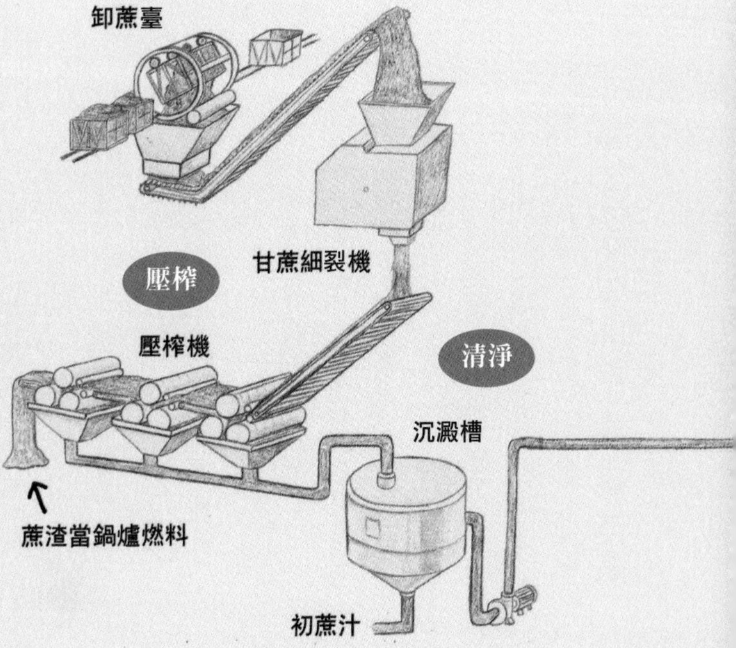

甜蜜人生 1

甘蔗種植的幕後功臣

育種｜黃明助、胡金勝

位於屏東萬丹的甘蔗育種場，是臺灣唯一的甘蔗雜交育種場，風光時期從這裡雜交培育出來的新品種還可以分享到國際去，為臺灣進行「甘蔗外交」。如今時空轉換，昔日榮景不再，但場長胡金勝及技術員黃明助依然堅守崗位，盼有朝一日，能為甘蔗育種重新找到春天。

胡金勝繼承父親衣缽，從一九八四年到臺糖服務，至今已三十多年，過去有二十七年的時間都在農務部門服務，從甘蔗到蘭花、景觀樹木、園藝花卉、有機蔬菜，幾乎臺糖公司與農業有關的業務他都曾待過。多年的農業背景，讓他來到這個偏重專業研究性質的育種場，還算適應得快——

甘蔗品種改良歷程

臺灣糖業的產糖率，在昭和8、9年（1933-1934）曾達到14.1％的高峰，一般人多以為，這與日本政府積極獎勵新式糖廠，讓臺灣糖業的水準能躋身先進國家的現代化工業生產行列有關，但推動臺灣糖業產糖率上升的主要關鍵，其實是甘蔗的品種改良。廣義的「品種改良」還包括了「引種」在內。全臺第一家新式糖廠——橋仔頭工場於明治35年（1902）1月15日正式開工時，所使用的原料仍是非經改良過的甘蔗原種，莖細、纖維多，汁卻不多，壓榨時容易損壞機械設備，於是總督府引進纖維較細、汁較多的高貴品種，才使製糖效益大大提升起來。回顧臺灣甘蔗品種改良的歷程，約可分為四個時期：最早是明鄭時期自福建引進的中國竹蔗，在臺灣種植約三百年，是為「土種時期」；直到1896年才由日本政府自夏威夷引進玫瑰竹蔗取代，1920年前後又引進印尼爪哇的POJ品種，成了1930年代臺灣蔗種的主流，是為「引種時期」；第三是「引種與雜交並行時期」，一方面仍不斷引進新品種試種，一方面藉此取得品種親本，與POJ進行雜交的改良研究；第四期是「雜交育種時期」，透過種原保存、親本規劃、光期處理、雜交組合、播種育苗、實生苗定植與選拔、無性世代試驗選拔等一系列過程育成新品種。

每天一上班就是穿上塑膠雨鞋，穿梭在蔗田、苗圃及溫室間，觀察並記錄每一株由「實生苗」培育出來的新品種甘蔗的生長情形，就像呵護自己所生的孩子一樣，刮風、下雨、日曬從不間斷。

這些如今他看來都再熟悉不過的工作，剛來時可不是這個樣子——那時應該是萬丹育種場最低潮的時刻，連交接都沒有，

你所不知道的甘蔗育種

每年冬季1-2月，研究人員就會進行甘蔗種籽播種，所長出來的苗，就是「實生苗」；約成長至一百天左右，就要移株至試驗田。為篩選出可以適應不同地質的甘蔗品種，臺糖自1971年開始，甘蔗採用分區選種制度，依植蔗區不同的氣候及土壤，分九個風土區，以求未來的新品種能適地適種。

在風土區的試種，通常須種個三、四年，再移到幾個具指標性的自營農場小規模試種；俟三、四年後，再移至更大的區域，採取一般甘蔗的種植和照顧方式，進行比對觀察。每個轉植過程中，研究人員都得仔細調查，包括發芽率、莖高、莖徑、抗病等，把表現不好的品種逐漸剔除，最後留下來的，評估其生長紀錄，再決議要不要命名——整個雜交育種過程，從擷取種籽播種到最後的命名，約須耗時十至十二年的光陰，由此可見甘蔗育種的大不易。

初生的實生苗，有點像雜草又像似稻苗。

技術斷層，整個場就只剩下老員工黃明助一人。胡金勝深刻體認到，今日育種場要生存，除了要確保育種核心技術之外，更重要的是必須具體協助事業部的經營，而不只是默默耕耘的幕僚單位。於是他一邊積極研提育種業務再生計畫，一邊將育種研究範圍擴及種苗及病蟲害防治階段，以發揮育種存在價值並提升原料品質，所幸努力成果獲得上級支持，育種場在二〇一〇年獲准成立正式單位，擴編組織人力至五人，胡金勝並擢升為首任場長，育種場的業務終得穩定運作。

胡金勝為什麼大聲疾呼為甘蔗育種的未來請命？因為他有一個別人難以體會的壓力——就是從一九一三年首度雜交實生苗，到現在已有百年的技術，不能在他任內結束掉，他可不想被封為「末代場長」。只不過未來政策走向如何？不是他能決定的，目前他只能在工作崗位上盡力而為。甘蔗育種，從種籽到命名，約得耗費十至十二年時間，實在不是一項高成就感的工作；甚至有時好不容易到了最後的階段，在多方的考量下，還是得忍痛放棄，等於過去七、八年所花費的心血全都付諸流水，若沒有做好心情調適，很容易讓人感到洩氣。

很多人都會存疑：「臺灣糖業已經沒落了，還有需要育種嗎？」對胡金勝來說，答案當然是肯定的。換言之，如果糖業一直萎縮，育種當然沒有存在的價值，但再好的品種也會退化，加上氣候的變遷，甘蔗種植講求「適地適種」，因此仍有投入育種研究的必要；何況站在綠色能源的立場，甘蔗育種反而是很先進的生物科技，因為甘蔗可化為生質酒精，供動能使用——想想，這對我們常講的節能減碳、溫室效應的幫助有多大！

對老員工黃明助而言，二十多年在育種場工作，更讓他親身經歷了甘蔗育場的風華與沒落，不勝感慨！

黃明助於一九七七年進入臺糖，先是在屏東紙漿廠工作，一九八八年才轉調至萬丹育種場，那時育種場仍是隸屬於臺灣糖業研究所，而不是現在的砂糖事業部。甘蔗育種是一個團隊，從試驗所到交配圃、育種站，多達上百人，其中有一些研究員是直接駐地在萬丹，以就近指導基層人員育種工作。

於是從一開始「什麼都不知道」的黃明助，就這樣跟著研究員，一頭栽進甘蔗雜交的領域裡——對這位家裡務農的庄腳人來說，甘蔗雜交是件很專業、卻又讓人入迷的一件事。看著一顆小小的種籽，在他的親手栽種下，從實生苗一天天長大，一路過關斬將，終於命名成功，雖然他只是一名小小員工，所做的工作也只是整個培育過程中的一小部分，但還是讓他感到與有榮焉。

不料，後來有員工屆滿六十歲就得強迫退休的規定，讓這一批優秀的研究員不得不離開職場，以致育種的技術傳承險些出現斷層，但之後政策改弦易轍，又要重新啟動育種工作，黃明助只好憑著交情，向老研究員求助，他們也二話不說，全都回來幫忙，讓育種場總算撐了過來。之後這些老研究員還不時「回娘家」，聯誼兼傳授工夫，把一身的育種技術全都教給黃明助，延續育種的命脈，因此當胡金勝在二〇〇六年到任時，很多的實務經驗，實際上都是向黃明助學習來的。

每一根甜蜜蜜的甘蔗背後，有育種人員十多年的心血努力。

八〇年代的萬丹育種場，面積有六十公頃大，員工二十多人，如今超過一半的面積都已出租出去，成了毛豆田，員工也只剩胡金勝及黃明助兩人，能力所及範圍內，育種的量是變少了，但該有的育種程序一樣也沒減少，兩人仍然按部就班，互相切磋、默默地做，期盼臺灣的甘蔗育種工作，再度窗外有藍天。

田庄博士退而不休

蔗農｜王塗圓

老蔗農王塗圓七十多歲了，沒讀過書，但超過一甲子的種蔗實務經驗，讓他談起甘蔗來，有如學識淵博的博士，從築畦到種蔗、除草、施肥、採收，甚至養牛隻、防鼠害，每個過程的細微「鋩角」（臺語，訣竅），他都很有心得——不只是身為臺南市山上區一位成功的蔗農，傳承自先人的田庄知識及古早務農技藝更是珍貴的農業無形文化資產。

王塗圓從小在田間長大，家裡有二、三甲地蔗田，十五歲正式當起囡仔工，跟著父親一起種甘蔗。「那時去削蔗葉，一天才賺十塊錢。」王塗圓記得當時全得仰賴人工，採收時必須先用鐮刀將蔗葉削得很乾淨，否則糖廠不接受，等於做白工；若是要保留「宿根」，還得注意蔗頭不能留太高，因為糖廠有「留兩寸有賞、兩寸半沒賞、三寸要罰」的規定，會派人一個小時來抽驗一次蔗頭；留得低，芽才長得漂亮，以後甘蔗較不會倒。

種蔗也很麻煩，王塗圓說光是採蔗苗，就得邊砍邊留意芽的好壞，不好的芽直接砍掉，只保留好的芽——通常一個蔗苗約二、三十公分長，須留有兩個節點的芽。種的時候，得把採好的蔗苗先放進扁擔內，再用人工擔到蔗田來，大家分工合作，有人放（蔗苗）、有人插（蔗苗），芽點一個向南、一個向北——方向不同，為的是避免日後除草時傷到芽。

在此之前，還得視土質的不同，採取不一樣的植床準備。若是土質較硬的黏土地，就得先用牛車犁過鬆土，以免土質太硬蔗苗無法吸水（因為經大太陽一照，很快就會死掉）；相反地，若是土質鬆軟的砂土地，種蔗時得用「掘仔」（一種小鋤頭）將蔗苗種深一點，使其與土地密實結合，以免吸不到水而影響發芽率。

接下來的照料工夫更是苦差事，除了施肥外，除草更是要緊。王塗圓說以前沒農藥可用，除草是最原始的方法，拿著掘仔穿梭在蔗田間，忍受悶熱及烈日，彎著腰，一掘一掘仔細地將雜草連根拔掉，否則下過雨後，雜草很快又會長出來，沒完沒了。

因為種植甘蔗的需要，王家還有自己的牛及牛車，運蔗工作不勞他人，自種自運，頗有企業經營精神。王塗圓順理成章，自小當起了牧童，餵牛工作就落在他身上，有時砍青蔗葉、有時割雜草，有回為了揮打停在牛隻上的蒼蠅，牛卻在那時恰巧抬起頭來，他當場不慎被牛角勾到斗笠，因斗笠的繩子緊繫在脖子上，於是連人及斗笠被牛頂飛了起來，轉了一圈，讓他嚇出一身冷汗——要是頂在身體，可就慘了。

那時王塗圓家中共養了兩頭牛，通常在採收完後會賣掉其中一頭，再買新的小牛來養，等養大養肥後，就可派上用場或賣給其他人。他說，小牛因為喝的是山泉水，水蛭會爬進牛鼻子裡，所以都很瘦；買來後，必須趁牛喝水、水蛭現身時，用手將水蛭抓出來，如此牛才會長得壯。王塗圓還提供一養牛祕方，他說平時可用製麻油剩下的麻渣，浸泡尿液來餵牛，不出三個月，牛鐵定長得頭好壯壯、肥了起來。靠著這獨特的祕方，「賣牛」成了王塗圓家中另一個重要的收入來源。

「種甘蔗沒什麼撇步啦，就是插苗了之後，草務必要除盡，水淹下去，如此而已。」王塗圓樂天知命的態度，有如是個生活藝術家，勤奮、認真地過每一天，到現在依然如此。儘管農田已交棒給兒子，老人家還是不時下田去，用心呵護土地上的農作物，為了防治鼠害，王塗

王塗圓有回斗笠不慎被牛角勾到，於是連人帶斗笠被牛頂飛了起來。

甜蜜小辭典

何謂宿根、春植、秋植？

「宿根」，是指甘蔗在採收後，將甘蔗的根部留在田間，使其繼續分蘖生長，自蔗株基部節間長出節體，因無需新的蔗苗，也無需重新整地，約一年即可收成，較新植可縮短約三分之一的生長時間。

臺灣最初甘蔗的種植只有「春植」且不施行「宿根」，一般是在每年11月到次年的2、3月種植，隔年的11月至後年的4、5月收成，生長期約十二至十四個月。

明治44年（1911）因颱風影響，甘蔗受損嚴重，北港糖廠利用風災折損的蔗莖，截成蔗苗試種，意外造就了「早植蔗」（秋植）的發明。「早植蔗」種植時間約在每年7、8月，這時還是降雨季節，氣候溫暖，很適宜甘蔗的發芽生長，待翌年底採收時，糖分即達最高峰——秋植的生長期約十八個月，雖然較春植長，但因收成量及產糖率均較春植佳，因此廣被推廣。

圓還想出個法寶——把老鼠藥搗碎後加入魚干一起炒麻油，放在籠子裡，老鼠聞香而來，自然就難逃被捕的命運了。

時代在進步，很多古早技藝都隨時代變遷而消失；甘蔗的種植也一樣，在機械化之後，以前農業時代的田庄知識及技藝，不是逐漸被遺忘，就是走入歷史——王塗圓的蔗農經驗，更顯得彌足珍貴。

【機械種蔗】

為解決「全莖苗」的種植仍須仰賴人力，面臨農村人力荒、勞力不易聘僱、影響最佳種蔗時間的問題，臺糖自2014年開始試行機械種蔗。改良自澳大利亞原型的種蔗機，具有多功能的優點，甘蔗在蔗田採收時，即自動切割成約二、三十分長的蔗苗，由運輸機運到待植的蔗田來，倒進種蔗機內，再由曳引機拖動前進，從翻土、種植、覆土到整平土地，都可一次搞定，還有自動噴藥功能，增強蔗苗的免疫力，避免頭尾切口受到感染，影響發芽生長。

種蔗機從翻土、種植、覆土到整平土地，都可一次搞定。

從人工採苗到機械種蔗

【雙芽苗】

早年種甘蔗，首先得採蔗苗，不論是糖廠契約蔗田還是糖廠的自營農場，都是取長約一尺、有兩個芽的「雙芽苗」。這種苗的取得很費工，一大片甘蔗田，有人先剝除乾枯的蔗葉，露出每一根蔗莖上的芽點；再由其他的工人手持鐮刀，眼明手快地一邊選苗、一邊砍蔗採苗，再運到蔗田裡種。這種「雙芽苗」雖然品質較優，但耗時、耗力又耗人工，不利於大面積的糖廠自營農場。

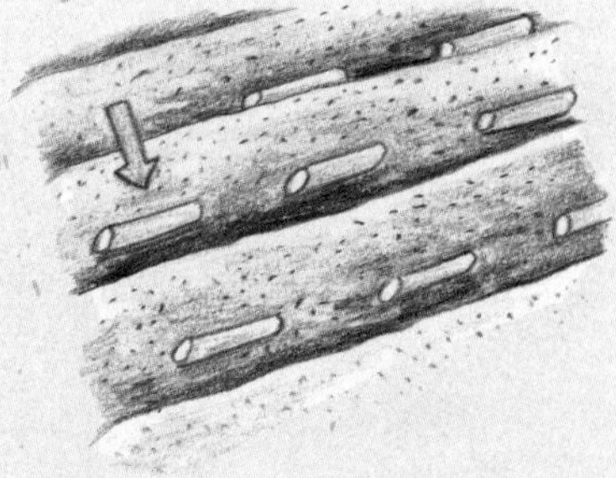

一般插莖種植，通常是把種苗直直地插在土壤裡，等待生根、發芽、茁壯，可別以為甘蔗也是如此，又長又直的甘蔗，其實是橫著種的。

【全莖苗】

臺糖早自1978年便開始推行蔗苗全莖種植，稱為「全莖苗」。其採苗方式是以機械取代人工，將甘蔗去掉蔗頭及蔗葉後，留下長約150公分的甘蔗；採收下來的「全莖苗」直接裝載在卡車上運送到蔗田，再由另一部抓蔗機將苗放在蔗田內，然後由工人一根根地排放在畦溝內。因整個採苗過程機械化，在採苗、抓蔗等裝運過程中，難免造成苗的折斷損傷，故工人在排苗時，還得一邊檢查蔗苗的健康情況，如有發現折損，苗就得重疊排列，以免折損處沒有芽苞，長不出來。因此，「全莖苗」的種植方式只能算是半機械、半人工。

過去全人工時代，
一個五、六公頃的蔗田十幾人種，
也要花二、三天的時間，
現在同樣的面積，機械種蔗只要一天就可完成。

甜蜜人生 3

從佃農變地主的傳奇

蔗農｜詹天枝

從六歲起光著腳丫子，跟著大人在蔗田裡跑跑跳跳，七十多歲的老蔗農詹天枝除了極少數特別場合外，無論走到哪，幾乎一整年都不穿鞋，「赤腳到處走」成了他鮮明的形象——一雙腳經過歲月與泥土的浸潤，足底早已長出厚繭，刻滿了風霜，卻也是他由佃農變地主、奮鬥人生的光榮寫照。

詹天枝從小就跟著父親在蔗田間進進出出，十四歲國小畢業後正式當起了囡仔工，在糖廠做農場工，一天才賺四元半。由於家無田產，戰後民生物資缺乏，農村生活貧困，連番薯簽也沒得吃，於是他和父親在戰後開始為有錢人種蔗，賺錢糊口；有時為親戚做工，只拿番薯簽抵工資。

就這樣詹天枝開始了他的小佃農歲月，直到十八歲，才有資格從事捆蔗工作——是以竹子剖開後削成的細長竹篾，約僅一枝鉛筆直徑寬，將採收好的甘蔗捆起來，頭尾端都要綁，一捆約三十斤，一天要捆二萬斤的甘蔗，以賺取微薄工資來買米、買菜過日子。

在那個人工不值錢、工資十分低廉的年代，詹天枝什麼工作都做，捆甘蔗、種甘蔗、砍甘蔗……，幾乎所有蔗田要幹的活，他都做過，賺來的辛苦錢則一點一滴存下來，直到二十七歲才完成買牛車的夢想，開始他的駛牛車歲月。當時牛車載運甘蔗得兩頭牛一起拉，詹天枝通常在完成一期的載運任務後，就賣掉其中一頭；等快到甘蔗採收季時，才又去新買一隻來湊，靈活運用牛隻的勞力，克勤克儉地過生活。

起初，駛牛車工一天可賺兩百元；到詹天枝五十一歲時，一天已漲到四千多元，主要的任務是在機械採蔗完後，將蔗田犁平，但這款的好光景並沒有維持幾年，等到「鐵牛」出現後，農家紛紛改請「鐵牛」犁田，牛車工沒得賺，詹天枝只好把牛及牛車都賣了——農業機械化的趨勢，想擋也擋不住。

詹天枝二十七歲買牛時，還是「無產階級」，但因駛牛車的收入較多，才有了較大筆的儲蓄，寄存在農會裡。一九六三年臺南縣農村土地重劃，他把握時機，標了不少地來耕種，賺了錢就繳納標租土地的租金，等到十年租金繳完，土地就歸他所有。就這樣，詹天枝才真正有了屬於自己的土地，而且全是靠自己賺來的，最多的時候曾擁有四甲多地，成就一則佃農之子變大地主的人生奮鬥傳奇。

詹天枝被鄰里津津樂道的事還不只於此，很有研究精神的他，閒暇時最愛騎著機車到處跑，觀摩各地農作如何栽種，因此對臺灣各地的農產特色都能如數家珍，甚至連出國到日本觀光，都不忘觀察日本人如何種稻；美國、大陸亦有他觀光兼考察的身影，開拓視野。

正因為如此，詹天枝對國內實施多年的休耕政策很不以為然——政府鼓勵農家放空農地，給予休耕補助，以致於有田產的有錢人，寧可不種農作而來領取補助；想耕作的農夫卻沒有土地可以租來種。他感嘆，等到他們這一輩的老農人凋零後，年輕一輩又不想做，以後憑什麼來養活臺灣人？應該是「有種才補助」才對，怎麼反而是鼓勵大家不要種。他說再不修改休耕政策，農耕經驗

詹天枝很有研究精神，
閒暇時最愛騎著機車
到處觀摩各地農作如何栽種。

甘蔗生長移位的奧祕

早年蔗田在牛犁翻完土後，經割耙碎土及手耙整平，就可用牛犁築起蔗畦，也就是蔗壟，每畦之間寬約 4 尺至 4.5 尺，蔗苗就種在蔗溝裡，俟萌芽至 5、6 寸時就要施肥，並在植後二十天施行第一次中耕，以鋤頭鬆土，以提高土壤含氧量兼除草，保護苗的生長；大約植後四、五十天時還要進行第二、三次的中耕除草，此後視其需求再進行第四次中耕並培土（即覆土）。

為充分利用土地，蔗農往往會在蔗畦間種植花生、番薯等雜糧，即所謂的「間作」──甘蔗種在畦底，花生、番薯種在畦頂。隨著甘蔗生長過程中的培土，畦底、畦頂的分野逐漸瓦解，大約半年時間，等到甘蔗長約半公尺高時，花生、番薯就可以先採收，然後再次培土，這時甘蔗反而位在畦頂──不明就裡的人以為甘蔗原本就是種在高起來的蔗畦上面，其實是誤會一場。

甘蔗採收改機械化之後，就不再實施「間作」，甘蔗與花生或番薯共舞的農村景象，永遠地走入了歷史。

沒有傳承，以後臺灣沒人會耕種了。

談起農業政策，老人家一派熱血，流露出他對農業的熱愛及對農人未來的高度關切。言語中，更讓人感受到他的赤子之心，一如許許多多臺灣的老農民，純真又憨厚，是這個時代的老寶貝！

高高的甘蔗襯著藍天，成排有序地長在畦頂上，成了人們對蔗田風光的鮮明印象。

甜蜜人生 4

原料活字典

原料課｜鄭炳坤

自一九六九年進入臺糖，善化糖廠原料課長鄭炳坤除了當兵兩年外，大半輩子都在善糖，四十六年的光陰，歷經臺糖全盛時期——全國有二十九間、全臺南市有九間糖廠的歷史風華，可說見證臺灣近半世紀糖業從輝煌到式微的歷程。

鄭炳坤是在地善化人，祖先曾經營糖廍，與製糖頗有淵源，初中畢業那一年適逢臺糖招考員工，就這麼進入臺糖的大家庭。那時的麻佳總廠共管轄善化、麻豆、佳里、玉井及永康等五間糖廠，鄭炳坤很幸運地分發在善化，每天騎著腳踏車上班，便當盒就繫在舊式腳踏車中間的橫桿上，一路搖晃著從住家到糖廠來，負責養豬的工作。

從十六歲到二十歲，鄭炳坤的「養豬歲月」僅維持約四年就因當兵而結束了。一九七五年退伍後回到善糖，改派至農務課（二〇〇二年改為原料課）負責甘蔗原料推廣業務，從基層到課長，舉凡種蔗、採收、運輸等原料相關事項，他都如數家珍。

例如早期甘蔗採收全得靠人工，鄭炳坤算著，一名砍蔗工後面要跟著二名削蔗葉工；如果六個人砍蔗，就等於要六加十二，共十八個人力；還要有三名捆蔗工及駛牛車的牛車伕，一個採收班加現場管理人員，動輒就要三、四十人。一個推廣區通常有四至八個採收班，就有上百人。想想，一個糖廠，可以照顧多少人？有些庄頭就是因為一批人從別的村落一起來糖廠做農場工，就近落腳而逐漸發展形成聚落，所以一個糖廠就可以帶動一個社區。

那個年代，也正是用牛車載甘蔗，再裝載到臺糖五分車的年代。一部牛車要兩頭牛拉；每個臺車需要二部牛車（四至六隻牛），分左右兩側平均裝卸原料甘蔗，可載約五、六千公斤的甘蔗；而一列火車通常都在三十五至四十五臺車以上，甚至也有超過五十臺車的，就這麼一路穿過村庄、橋梁，把新鮮的甘蔗載到糖廠——當然，追火車、偷抽甘蔗的場景，就成了很多老一輩臺灣人的共同記憶。

鄭炳坤坦言，他童年時也做過這檔事，偷了甘蔗後怕被警察抓，得趕緊先埋起來，等到晚上再挖出來，「現在沒人要偷了，做糖的甘蔗纖維比較粗，萬一牙齒咬斷了，植一顆牙就要七、八萬，誰要啊？」他開玩笑說，卻也道出了臺灣社會的今昔變遷，不只臺糖五分車載甘蔗的形影早已走遠，就連甘蔗種植由最早的全人工，後來的半機械、半人工，一直到二〇一四年秋植起，開始以機械取代人工，更是帶動臺灣甘蔗農業進入一個全面機械化的新里程碑——每一個時空轉折，鄭炳坤都曾親身經歷過，滄海桑田，早已不可同日而語。

早期資訊不發達，農民又多不識字，為教育農民，糖廠農務課還會在各鄉村聚落原料區組織蔗作研究班，輔導農民如何種好甘蔗、新品種介紹及病蟲鼠害防治工作。亦有由員工及基本蔗農（男、女）組康樂隊，下鄉宣導，有時也會招募有興趣的季節工一起參加演出，表演內容有歌唱、舞蹈及自編短劇等，短劇演出還會夾帶「種蔗的好處可改善農家生活、蔗作推廣規則」或「耕者有其田實施成果、共匪暴政、擁護領袖」等政令宣導，對於早期封閉的農村而言，這是很重要的宣導方式。此外，還有給農民看的「蔗報」，內容包括何時要種甘蔗、種甘蔗之後要種什麼作物、如何防治病蟲害與甘蔗種植等相關知識，惟在電視漸漸普及之後，蔗報及康樂隊就走入歷史了。

在鄭炳坤的記憶中，七〇年代的臺灣真是臺糖的美好時代，糖廠就像是一個小型社區，電影院、福利社、餐廳、球場、公共澡堂統統都有，福利很好。到福利社買東西還可賒帳，每個員工一本簿子，月底結算直接從薪水扣；還有所謂的「員工糖」，以低於市面非常多的成本價賣給員工；下了班，可洗個熱水澡再回家，全身上下滿是蔗香味；遇到週六、日，則有交通車接送員工前往臺南市區，甚至專車載到鹽水看蜂炮……，凡此種種，

在鄭炳坤的記憶中，糖廠就像是一個小型社區，
電影院、福利社、餐廳、球場、公共澡堂統統都有，
福利很好。

都讓鄭炳坤十分懷念。

當然最重要的還是薪資待遇，鄭炳坤初進善糖時，一個月的薪水就有七百元，已成家立業的資深人員則有一千六、一千七百元；到了一九七五年，他的薪資已有三千多元，連同加班費，有時甚至可以領到四、五千元，比起一般私人企業甚至公務員，待遇都要好多了。

「早期在糖廠吃頭路，照講是最幸福的（老員工皆是日治時代留下或是臺灣光復前所出生，以民國五至二十九年次的員工最多），工作場所沒汙染，又聞得到蔗香，員工富有人情味，能在糖廠工作，是三生有幸。」鄭炳坤惜福地說，也為近半世紀的職場生涯作了美麗的註解。

鄭炳坤說，早期採收前須依賴人力先將蔗葉剝除，後以火燒方式來取代人工剝葉。

機械採收甘蔗的方式

每年到了 12 月甘蔗成熟期，也就是「廍動」的時刻，這是取舊時糖廍開始製糖的意思而來。迎接這製糖生產季節到來的第一步，就是甘蔗採收，糖廠會先派人到待採的蔗田採樣，了解甘蔗的成熟度，再排定採收區域的優先次序。

先燒後採｜臺灣在日治時期，採收方式還是依賴人力，直到 1970 年才開始試行機械採收，引進甘蔗採收機來取代人工。但為解決採收前蔗葉剝除的問題，是以火燒方式來取代人工剝葉，燒園面積以一天的採收量為原則，當天燒、當天採，隨即送往糖廠壓榨，以確保原料甘蔗的品質，不至於影響製糖率。

為控制好一天可機採完的量，當時還要先闢出「火路」，亦即派人先到蔗園內，以人工方式，採收寬約 10-15 公尺的可安全燒葉的防火空間，將蔗園「分割」出一日機採量的適當面積，同時避免火勢一發不可收拾，火燒前，還得事先向消防局報備，什麼時間、什麼地點燒葉，都要載明清楚，後來隨著國人環保意識抬頭，火燒蔗園有空汙疑慮，加上濃煙影響交通安全，至 1981 年已不再使用。鄭炳坤就曾親身經歷過那個「放火」的年代，火燒蔗葉看似簡單，但真要當那個點燃番仔火的人，壓力可不少，箇中技巧就是得會觀察風向；先從風尾放，最後才從風頭放。依他的經驗，通常是傍晚五、六點以後才燒，比較容易看清火勢大小及走向；萬一蔗園鄰近雞舍，大片火光加上蔗葉燒起來的響聲，雞群受驚恐死光光，放火的人還得負責賠償。

青葉採收｜臺糖公司自 1980 年起陸續引進新型「青葉採收機」，不須先開火路，也不必剝除甘蔗葉，採收下來的甘蔗便可立即送到裝蔗卡車上運回糖廠，較「先燒後採」更加節省人力及時間，進而普遍推廣。惟初期仍無法達到百分之百機採，至 1989-1990 年始真正進入全面機採。

早期以牛車載甘蔗、再裝載到臺糖五分車的年代，一部牛車需要兩頭牛拉，約可承載二、三千公斤的甘蔗，從蔗田拉到小火車旁。

糖廠為何養豬、賣豬肉？

糖廠養起豬、賣起豬肉來，是為了配合政府推廣養豬的政策，因糖廠有廣大的農場，可用豬的糞尿來當肥料灌溉廣大蔗田。

除此之外，臺糖甚至還投入豬種研究，改良品種，把原本「桃園種」的黑毛豬品種，改良為「三品種」的新豬種，帶動臺灣畜牧業的發展。「那時豬寮就設在糖廠旁，豬糞尿都直接排到蔗田去。」鄭炳坤形容早年蔗田「施肥」的場景，直到八〇年代環保意識抬頭，才有了化糞池。他打趣說，他的身體會這麼「勇」，就是當年扛飼料訓練出來的，「豬在跑的時候，別人抓都抓不住，我喊倒就倒！」他的語氣很是自豪。

碩果僅存的五分車司機

保養場｜許青雄

不管是搭火車通勤，還是追火車偷甘蔗，臺糖火車是很多臺灣人的共同回憶，肩負起偏鄉地區對外交通及出口賺外匯的使命。善化糖廠五分車司機許青雄，就曾經歷過糖鐵盛極一時的風華歲月，開著火車往來糖鐵的「南北線」，也曾到過山區及臨海鄉間。如今糖鐵沒落，就連仍在製糖的善糖也僅只保留一小段的廠內運輸，而不復當年長長一列火車自廠外載來甘蔗的場景，讓許青雄不勝唏噓！

許青雄進入臺糖時二十六歲，先在訓練中心受訓，跟著老司機學習如何駕駛五分車，約花了半年的時間，才拿到駕照，成為真正臺糖的火車司機。他說，臺糖火車有「南北線」及「原料線」之分，除了各有各的司機，依照不同的載運貨物也各有不同的臺車，例如載糖及玉米的蓬車、載散裝鹽及濾泥的低邊車、載蔗渣及甘蔗的五噸車以及橢圓形的糖蜜車等。而他以跑長途的「南北線」居多，主要工作是將善糖壓榨不完的甘蔗運到鄰廠去，因此臺南地區的糖廠，除了烏樹林以外，他都曾經去過。在他的記憶中，跑新營這條路線很不錯，途經西港、佳里、學甲、下營、柳營各區，不只鐵道行經的路面較平坦，沿途的農村風光也很宜人；倒是玉井到左鎮這一路段的「玉左線」，起伏又彎曲，讓他至今記憶猶新。（關於糖鐵介紹請詳見附錄一 p.162）

「真的很恐怖！因為都是山路，很難走。」許青雄說老一輩的司機常以「五十分崎」來形容「玉左線」的陡峭，火車爬坡很吃力，還常彎來彎去，只掛了四臺車就爬不上去；下坡時則速度飛快，風聲呼嘯而過，常有煞不住的情形。他曾目睹，一輛掛有十二臺車的火車在行經一處橋梁時，翻車出軌，臺車不慎掉下山谷的重大意外事故。此外，永康區的糖鐵地下道路段因坡度相當大，火車一下

許青雄對行駛「玉左線」這一段路記憶深刻，因為地形陡峭，不僅火車爬坡很吃力；下坡時亦常有煞不住的情形。

去又馬上轉彎，也常讓臺糖火車司機心驚膽跳。

至於許青雄本人，倒是有過一段「火燒車」的經歷。有回他開著火車載甘蔗，途經一處燒雜草的地方，由於火車經過就像搧風一樣，正好助長了火勢，火苗飛到火車上，乾燥的蔗葉竟燒了起來，成為他三十多年五分車司機生涯中難忘的回憶。

通常在糖廠開工期，臺糖火車白天配合原料採收，以載運甘蔗為主，確保原料的新鮮度；運送蔗渣則不分白晝或黑夜。許青雄還記得，早期中南部只有新營及屏東兩家紙廠可消化過剩的蔗渣，但善化往返屏東路途太遠，臺糖於是採取折衷辦法，讓善糖火車只運載蔗渣到高雄橋頭糖廠，再交由屏東糖廠派來的空車接手——兩間糖廠以接力的方式，完成輸運蔗渣的任務。這一班善化到橋頭的班次，是在夜間十二點發車，一趟路約需四個小時，來回就要耗掉八個鐘頭的時間。

別以為半夜人車少，駕駛五分車應該很輕鬆，其實不然。許青雄說，因為鐵支路不是平的，也有上上下下、彎曲的時候；開火車時要看路，有時得煞車、有時得催油；過平交道時還得按喇叭；遇到下雨或有露水打滑時，得啟動砂桶，以增加列車行走的磨擦力，免得打滑；加上臺糖火車有每小時十九公里的最高速限，想快也快不得……，種種原因，往往到下班時，腿都軟了。

早年為了避免司機員在長途運輸過程中精神不濟，有發生意外之虞，還有所謂的「響燉」——這是因為臺糖的鐵支路都是單軌，不同路線的火車會

內燃機車

載蔗渣及甘蔗的「蔗箱車」

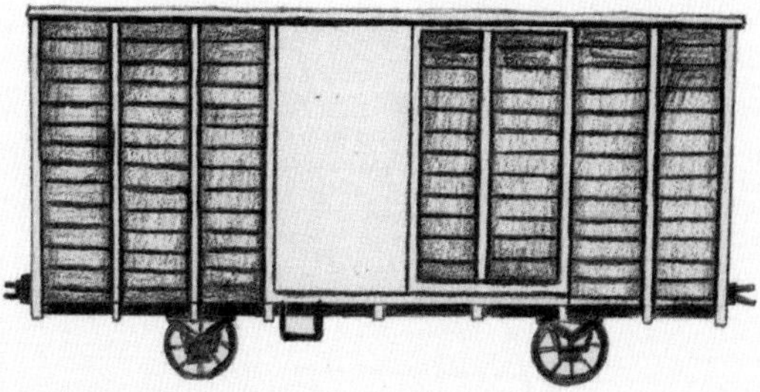

載糖及玉米的「蓬車」

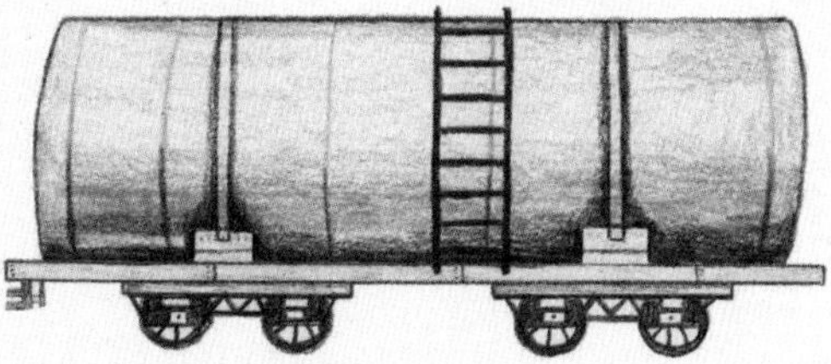

橢圓形的「糖蜜車」

許青雄 1979 年進入臺糖，就在善化糖廠運輸課服務，是目前善化糖廠碩果僅存的五分車司機。

行經哪一條路、與哪一列車有衝突，在各岐站都有路線表，需要會車時就得暫停在岐站上；不會車便可直接通過，有閉塞的路簽管制。一旦有火車該停而不停，恐怕就會有意外發生，因此該岐站站長就會通知下一站要提早置放響墩，為一種可扣住鐵道、內藏火藥的半圓形鐵筒，當火車壓過時會爆炸發出巨大的聲響，提醒司機務必要停車。不過，這項古早的「提神醒腦法」，在許青雄進到臺糖服務時已經沒有使用了。

在糖鐵的輝煌年代，善糖運輸課的司機員、修理員、加上各分岐站的岐員，總計多達上百人，大家各司其職。高職機工科畢業的許青雄，對機械頗有天分，常自行摸索解決故障問題，後來甚至還成為修理班的領班；正因同時具有火車駕駛及修理的專業，讓他在善糖裁撤運輸課後，仍然被賦予重任，成為善糖碩果僅存的火車司機，平時負責維修保留下來的機車（火車頭）、臺車；到了開工期，就駕駛火車從工廠到倉庫載運砂糖成品——這也是善糖目前僅存的一小段鐵軌，其餘都已荒廢拆除。

與臺鐵共構

臺灣自臺中以南，包括溪湖、虎尾、南靖、新營、岸內、善化、永康、仁德、橋頭、屏東、南州及新副等十二座糖廠都可見三軌線的設置，透過糖鐵與臺鐵軌距的共構，各糖廠所生產的砂糖可直接由糖鐵機車拖載臺鐵貨車，運抵臺鐵各車站，然後再透過臺鐵系統運送到高雄港出口，賺取外匯，對臺灣的經濟發展有很大的貢獻。新營糖廠更是臺灣極少數仍保存有大量 1067mm 加 762mm 的三線鐵道的廠區之一，早年布袋鹽場的鹽、新營紙廠的紙張，都是經新營糖廠布袋線載至臺鐵新營站運出，快速又便捷。

目前在新營南梓國小對面還保留了一座臺灣唯一的卸鹽臺（鹽運聯合轉運臺，光復後美國援助建立），來自布袋及七股鹽場的散裝鹽，透過糖鐵系統先集中在東太子宮站，送上卸鹽臺轉裝，再從高處直接將鹽傾瀉到下方的臺鐵鹽車，從新營縱貫線將鹽運送到高雄港，形成一套特別的糖業、鹽業及臺鐵三方合作的輸送流程，見證臺糖與臺鹽及臺鐵曾有的聯運歷史。

新營鐵道文化園區內可見三線式鐵道軌距。

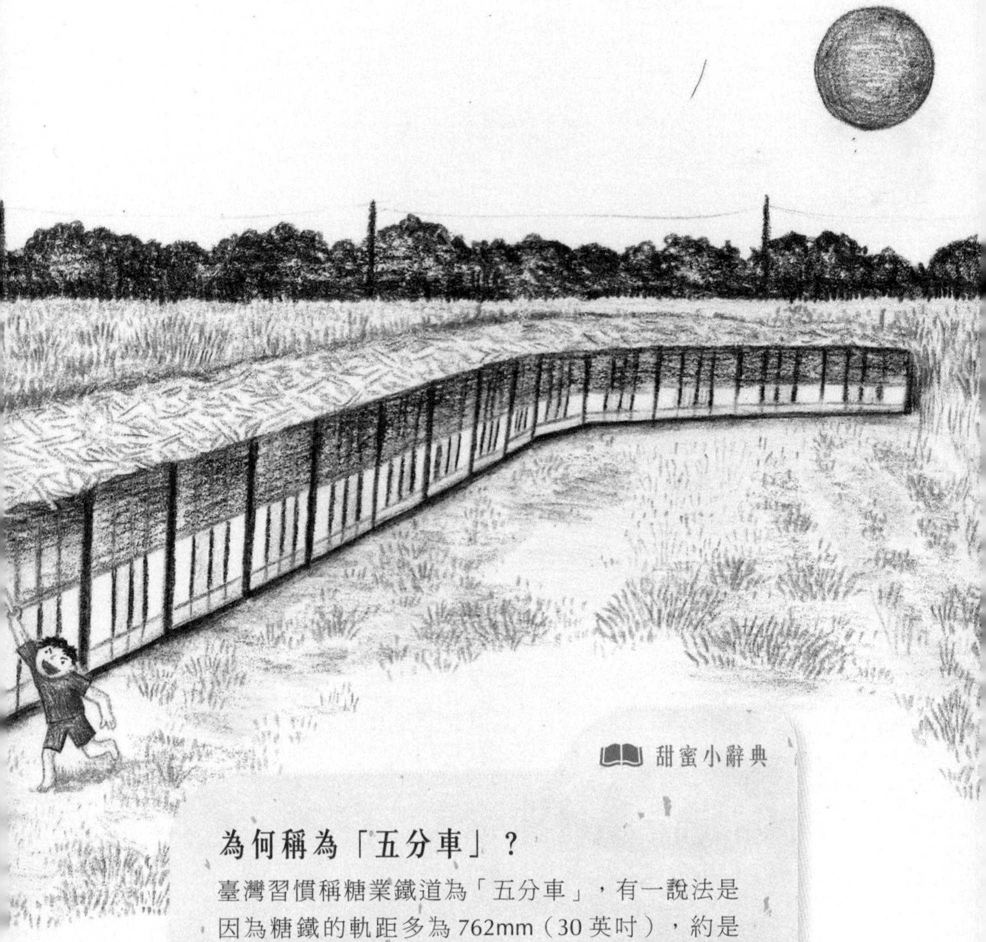

甜蜜小辭典

為何稱為「五分車」？

臺灣習慣稱糖業鐵道為「五分車」，有一說法是因為糖鐵的軌距多為 762mm（30 英吋），約是歐美標準軌距 1435 mm 的二分之一，所以稱為「五分車」。不過，早期糖鐵在臺灣 1067mm、762mm、610mm 三種軌距都有，尤以 762mm 為主要的軌距路網；1067mm 是為了與臺鐵聯運，而形成 1067mm 加 762mm 的特殊三線式軌道；至於 610mm 軌距則是臺車線。

不管是搭火車通勤，還是追火車偷甘蔗，
運載甘蔗的臺糖火車是很多臺灣人的共同回憶。

甜蜜人生 6

製糖第一關

壓榨室｜張文泰

十二月的善化糖廠內，一輛輛的卡車載來剛從田裡採收的甘蔗，有的卸在堆蔗場，將甘蔗堆得像小山丘似的，再由推蔗機將甘蔗大把大把地放進輸蔗機；有的則直接揚起車身，以六十度角的高度，將甘蔗一股腦地傾倒入輸蔗機裡展開製糖的序幕——這是善化糖廠每年十二月至翌年四月開工期間都會上演的場景，也是壓榨工作的第一關，而這項工作的關主，就是領班張文泰。

十八歲從南光中學畢業就分發到善糖，從基層做起，一九九八年升為壓榨室領班，是目前全壓榨室最資深的員工，父親張南樹也是善糖人，在修配廠負責火車運輸路線的維修，已在一九九五年退休。當年張文泰就是在父親的鼓勵下，就讀南光中學建教班，一邊念書、一邊在糖廠實習，畢業後正式成為糖廠的員工，和父親成了善糖的同事。

「壓榨工作，簡單來講，就是把甘蔗原料壓榨成汁。」張文泰扼要說明壓榨室的任務，壓榨有一定的程序，凡事照著程序走，並不複雜，唯有除砂比較令他困擾。善糖雖是經過兩道除砂工序，但最多也只能去掉百分之十五的泥砂量，去砂率有限，其他泥砂、夾雜物則會伴隨著甘蔗進入細裂、壓榨機器內，因此常會造成機械的磨損及運轉的負荷。

他不諱言，按理多幾道除砂程序是可以拿掉更多的泥砂量，但考量製糖成本，不可能增加除砂次數，所以製糖期過後，所有的機械都得拆下來維修、保養，特別是有磨損的部分，該換就換，以免磨損造成機械的尺寸有誤差，影響未來的運轉。目前善糖製糖工場各部門的機械都是各自保養維修，但因壓榨室是原料處理的第一關，損耗情況格外嚴重，所以設有車床母機以利各項機械的修繕。

但儘管如此嚴密的保養，還是難免有凸槌的時候。張文泰印象最深刻的就

2006 年開工期發生細裂機大故障，五天五夜還搞不定。

張文泰說，一些泥砂、夾雜物會伴隨著甘蔗進入細裂、壓榨機器內，常會造成機械的磨損。

是二〇〇六年開工期間，竟發生細裂機大故障，讓當時已是壓榨室領班的他急得焦頭爛額，驚動主管也來關切，壓力相當大。他坦言，平常機械故障頂多一、二天就排除了，但那次卻一直出問題，以為修好了，運轉不到半小時又停機，他已不記得到底反覆拆卸幾次，只記得五天五夜還搞不定，還請老師傅來協助，最後好不容易才找到問題點——原來是蔗鎚配重不平均，造成震動，損壞機件，才導致停機。

這件事後來還被臺糖內部當成「範本」，成為臺糖員工茶餘飯後消遣的話題，原來張文泰破了臺糖的百年紀錄——從來沒有一部機械在開工期間停工那麼久，讓他無意間寫下了臺糖的另類歷史，為他的「壓榨人生」留下不一樣的難忘回憶。

壓榨四部曲｜除砂→切蔗→細裂→壓榨

甘蔗在採收後，先在輸蔗機裡「除砂」，把甘蔗採收時夾雜的泥土、石頭等雜質去掉；之後經二道切蔗機「切蔗」，第一道先把甘蔗整平，第二道再切成如筷子般長短及粗細；接下來就是「細裂」，進一步把甘蔗表皮及纖維撕裂，才能進入壓榨機。

善化糖廠採用的是四重壓榨，過程中還會加水，為的是要把甘蔗裡的糖分盡量榨乾淨——經過這一關後，甘蔗已經「面目全非」了，從固體的原型變成液體的蔗汁，再利用幫浦將蔗汁打到製糖股，進行後續的清淨、結晶、分蜜過程。至於蔗渣，則以輸送帶送到鍋爐當燃料，用不完的蔗渣可當有機肥，早年甚至還拿來做成蔗板，當建材使用。

這套壓榨方法，自日治時期引進新式糖廠開始，從來沒有變過，是很傳統的工序，更可貴的是，善糖在百年前就以「汽電共生」的方式來運轉，壓榨完的蔗渣供鍋爐燃燒，產生蒸汽，蒸汽再供壓榨室的透平機轉動葉片，旋轉產生動能，作為壓榨機的動力來源——其原理就像飛機藉葉片帶動來產生電力一樣，如此循環使用，很符合環保能源概念。

經過四重壓榨，甘蔗已從固體的原型變成液體的蔗汁。

目前善糖壓榨室內還保留有昭和 3 年（1928）
製造的壓榨機機架，見證臺灣製糖工業的發展。

甜蜜人生 7

甘蔗清淨的舵手

清淨室｜李學

童年時的李學，對善化糖廠的第一印象，是感到「很恐怖」，不僅樓梯又陡又窄，環境噪音又大；長大後，對臺糖工人像黑手一樣，也實在沒啥好感，但人生就是這麼奇妙，他後來還是加入了臺糖這個大家庭，並擔任善化糖廠清淨室領班——壓榨後蔗汁如何由濁變清的奧妙，他最知道。

李學高職畢業後，一度很抗拒到糖廠上班，不只當時糖廠工資比私人企業少；機械保養時，沾滿油汙的雙手得用「番仔油」來洗，油臭、手也臭，像在當黑手一樣，因此讓他打從心裡排斥。其間他曾到私人企業服務，後來考量糖廠的工作較為穩定，而決定一九六九年到糖廠上班。

李學的父親在日治時代就已經是善化糖廠的員工了，光復後繼續留下來服務，一九六五年退休。李學進入善糖時，父親早已離開，父子倆雖不曾成為「同事」，但李學繼承父親衣缽同為善糖人，仍在善糖傳為佳話。

李學剛進糖廠時，老員工因受日本教育，
所以設備名稱都是用日本話講，
他因聽不懂提問，還被老員工以日語開罵。

在糖廠風光的歲月裡，從善化廠望出去，四周盡是蔗田，滿載甘蔗的火車直接從蔗田開到糖廠，工人們便趕緊用耙子，將成捆的甘蔗耙下來，開始忙碌的製糖工作。那時清淨室的編制有二十人之多，「清淨」是壓榨完蔗汁後，由汙濁變清汁的重要過程，因為現代化機械採蔗，原料甘蔗是連同蔗葉、泥砂等雜質一起進到糖廠來壓榨，雖有除砂手續，但過於簡略，再加上壓榨過程中會摻水以洗出蔗渣中的糖分來，所以壓榨後的「蔗汁」，其實是含有蔗渣、水分、泥砂在其

沉澱槽可以分離清汁與泥漿。

漆著橙黃色鮮亮外衣的蒸發罐。

中。因此清淨的作業，就是透過加熱、沉澱、蒸發等手續，使成粗糖漿，便可送往下一關結晶室進行結晶了。

而糖廠不開工的時候，清淨室工人們也沒閒著，得把所有設備的活門、幫浦全都拆下來保養或更新；甚至在蒸發罐裡搭鷹架，將罐壁上的石灰垢以高壓水柱沖掉，光一個罐三個人洗，就要花一個多星期的時間。不過，為確保蒸發罐的熱交換效率，糖廠在開工期間還訂有「洗罐日」——通常會在製糖工場運作二十八日至三十日之後，就全廠停工二十八小時洗灌，但隨著人力的精簡，現在洗蒸發罐的工作也跟著外包，目前清淨室只做一般的保養維修了。

蔗汁如何由濁變清？

清淨作業的第一步，就是先到混合槽準備加熱。加熱手續有兩道：第一道先加熱到 60 度，第二道溫度得控制在 103-105 度之間，不能多也不能少，否則溫度太低不容易沉澱，太高則會燒焦。

第二步是加入石灰乳，攪拌成加灰汁，即可進入連續沉澱槽沉澱，以分離清汁與泥漿。清汁會流到過濾網，像在濾豆漿一樣，透過細密的兩層濾網，以過濾掉細碎的蔗渣屑，讓蔗汁液變得更清、更純。

第三步在蔗汁預熱後，可用幫浦將蔗汁打到蒸發罐，依序要經五效蒸發，才可把水分蒸發掉，使成粗糖漿。蒸發罐每罐溫度、錘度都不一樣；隨著罐序增加，水分愈少，錘度愈高，第一罐錘度約在 14 度、第二罐 20-30 度、第三罐 30-40 度、第四罐 40-50 度，到了末效罐 60-65 度，就可送去結晶室煮糖。

至於分離出來的「泥漿」，因裡頭仍含有少許糖分，為充分再利用，還會再加入若干細蔗渣後，經真空過濾器，將蔗汁吸附出來，再度回到加熱槽。真空過濾後的濾泥則可送到農場做肥料，一點都不浪費。2014 年善化糖廠改善製程，將濾泥申請變更為沃土，提供給農友當有機肥。

泥漿經真空過濾後，可將蔗汁完全吸附出來。

壓榨後的「蔗汁」會送到清淨室加熱，加熱器的溫度必須控制剛好，
不能多也不能少，否則溫度太低不容易沉澱，太高則會燒焦有焦味。

冬季裡洗三温暖

結晶室｜李世忠

每到製糖期，製糖工場外就會飄出一股蔗糖香，這香甜的味道，來到結晶室就更濃郁了，才一踏進，滿室的香氣立即撲鼻而來，沁入心肺，讓人聯想到幸福的滋味。但這對長期在這裡工作的工人來說，可是一點也不浪漫，在冬季開工期的工作現場，高達四十多度的工作環境，就算只穿著一件背心，還是令人感到燠熱難耐、汗水淋漓，而一步出工廠，迎面吹來的卻是令人發顫的寒風，「幾步路的距離，冷熱交替，就像是洗三溫暖一樣。」領班李世忠貼切地道出結晶工作不為人知的甘苦。

結晶是將清淨室送來的粗糖漿，再度經結晶罐濃縮、養晶，使成顆粒狀的糖膏——亦即粗糖漿在注入結晶罐後，在真空狀態下加熱將晶種養大煮成糖膏，糖膏再經分蜜機分離出固體的結晶粒及液體的糖蜜。因為是使用蒸汽來煮糖，所以結晶室的溫度相當高。

結晶室的溫度相當高，有一回廠長命人拿來冰塊降溫，舒緩熱氣。

李世忠回憶，有一年廠內環境衛生檢查，看到大家都沒戴安全帽，便要求大家戴上，他向前來檢查的廠長反映，不是大家不戴，而是太熱戴不住，他寧可檢查成績最差沒關係，只要改善環境就好了。結果廠長隔天命人拿來冰塊，一天三個班，每個班都放了四大塊的冰塊降溫，舒緩熱氣。不過，「放冰塊」事件，只有一回就成了絕響，足以說明在結晶室工作的辛苦，之後廠方雖增加了窗戶及電風扇，但高溫的工作環境還是讓人受不了，若遇上寒流來襲，工人們進出結晶室，冷熱交替、冰火五重天的滋味，大概只有結晶室的人員才能真正體會。

「這裡就是怕熱而已，其餘還好啦！」李世忠除了曾在清淨部門待過一小段時間外，超過三十年的歲月都在結晶室裡。結晶工作對他來說，早已駕輕就熟，唯一困擾的就是現場的高溫，讓他每天上班猶如在洗三溫暖，終身難忘。

結晶煮糖要軟硬適中

在煮糖系統中，糖漿、糖蜜配料可分為A糖、B糖、C糖。A糖、B糖即所謂的成品糖；C糖亦稱三番糖，業界稱黑糖仔。

提煉C糖後在結晶之前，有一個重要步驟就是「起晶」，分自然起晶、激動起晶及等量播種三種，業界是採「等量播種」方式，即取一定份量的糖粉來當糖種，就像播種的原理一樣，種多少就能收穫多少。因此每到開工期，結晶室的第一項要務就是「起晶」，把糖種加在糖漿內加熱，使其結晶。

將蒸發後的粗糖漿，送入結晶罐中，在真空減壓及蒸汽加熱的狀態下，糖漿濃縮至飽和點，此時加入糖種養晶，使結晶粒逐漸長大成糖膏，再送往攪拌機攪拌，然後進行下一階段——分蜜。

結晶煮糖的過程中，最要緊的是保持一定的錘度（飽和濃度），太軟、太硬都不行，以確保糖的晶粒成長，太軟就得關掉蔗汁進入結晶罐；太硬就得加蔗汁或平衡水，以免太過濃稠而「焦鼎」，至於如何判斷每個結晶罐的錘度適中，一切全憑現場工人靠經驗來拿捏。

結晶室擁有高溫的工作環境。

結晶罐是密閉的鐵製容器，外層會先貼隔熱板，
最後再貼上檜木條，以求更好的隔熱效果。

目前善糖的結晶室共有九個結晶罐，
尚有七個結晶罐仍在使用中。
每一個罐上都設有溫度計、壓力錶及真空錶，
方便工人隨時掌握其錘度。

甜蜜人生 9

善糖大聲公

分蜜室｜吳文魁

結晶及分蜜，是蔗汁之所以能變為成品糖的關鍵步驟，前者主要在養晶、結晶，才能進一步分蜜出砂糖及糖蜜來。要完成製糖程序，兩部門關係密切，但不同於結晶室的工作現場往往高達四十多度的高溫，熱得讓人受不了，一個樓層之隔的分蜜室卻是奇冷無比，開工期常得穿著大衣工作，加上嘈雜的機械運轉聲，讓這裡的員工都成了「大聲公」——領班吳文魁就是一例，自嘲自己講話像在吵架，已經不會輕聲細語了。

吳文魁先是在麻豆糖廠分蜜室服務，之後到善化糖廠，前後加起來三十七年的光陰，對分蜜、包裝的過程瞭如指掌。對他來說，分蜜室的工作，在非開工期反而比較忙，必須把所有的機器，不管有無故障，統統要拆卸保養或更換消耗性零件；有時甚至還得動用洗車專用的強力水柱噴槍，將機器內殘留的糖膏或鐵屑、罐垢清潔乾淨，須花較多的時間及工夫。反倒是開工之後，一切工作按照程序來，壓力並不算大，但對糖的品質要求很高，每罐糖分蜜完之後都得經過化驗，檢驗砂糖中的水分、沉積物及糖度，符合標準才能放行——先送儲糖箱再送包裝室，包裝時也得驗重量，必須夠重才行，層層把關，以確保砂糖品質。

吳文魁說，驗沉積物的目的主要是看其清潔度，不能有雜質，更不能有沉積物黑點，一定要D級以上；水分也有限制，水分太高就得分蜜久一點，相反地，太乾就得縮短分蜜的時間；糖度則設定在九十八點三度以上，如此才能過關，不合格就須回溶。通常開工初期，因品質還不穩定，一定會有回溶的情況發生，這屬正常現象。

不同於結晶罐藉蒸汽運轉，產生高溫，造成結晶室的工作環境熱氣逼人；分蜜室卻有如是個大冰箱，冬季開工期間，室內、室外溫度沒差多少，即使躲在休息室也要穿大衣，遑論是工作現場，更是大衣不離身。

這樣的工作環境，已讓人受不了，但更大的職業病隱憂則來自於機器的噪音，逼得大家說話都得提高分貝，三、四十年下來，聽力難免受損，連帶地讓講話也變得很大聲，成了善糖的大聲公。為了看電視與跟人溝通方便，吳文魁還去配戴了助聽器，「沒辦法，不然聽聲音會很吃力。」他無奈的說，孩子們就常抗議他電視開得太大聲，影響安寧，有了助聽器，聽聲音就容易多了。現在的吳文魁，已經能夠正面看待這項職場上的重聽後遺症，有溝通需求時就將助聽器戴上，不戴時，他樂得耳根清靜——在這喧囂塵世中，讓自己擁有片刻的安寧。

六臺分蜜機一起運轉，馬達所產生轟隆隆的聲音，逼得大家說話都得提高分貝，久而久之，連平時講話也很大聲，還以為是跟誰在吵架、互嚷。

甜蜜小辭典

轉啊轉的分蜜機

「分蜜」是製糖作業的最後一道流程。結晶室結晶好的糖膏送到分蜜室來，利用圓筒狀的分蜜機來分蜜，其原理就跟洗衣機脫水一樣，是藉由離心力的作用，把糖膏中的液體（糖蜜）分離出去，但原本深褐色的糖膏在分蜜機裡轉啊轉之後，沒多久就變成了澄黃透亮的砂糖，像變臉一樣，比洗衣機更多了一分神奇。至於糖蜜，則再回送至結晶室重新煮糖，回收糖蜜中的糖分。

分蜜機須花多少時間才能將一罐糖完成分蜜？其實並不一定，吳文魁估計，如果四臺分蜜機一起運作，大約須兩個半小時；兩臺得四至四個半小時，但包括煮糖的容量、糖膏的軟硬度，也都可能影響到分蜜的時間。

1. 不同於結晶室的工作環境熱氣逼人，分蜜室卻有如是個大冰箱。
2. 深褐色的糖膏經分蜜處理，沒多久就變成了澄黃透亮的砂糖。

分蜜機不僅外形像洗衣機，其運作原理就跟洗衣機的脫水槽一樣，
即利用離心力，將糖膏內的糖蜜拋出，留下在槽內的糖粒結晶體。

甜蜜人生 10

糖廠心臟的守護者

鍋爐室｜蘇振峰

從善化熱鬧的街頭遠望糖廠的方向，巨大高聳的煙囪就矗立在北郊的地方，每到冬季的時候，老遠就可以看到縷縷白煙不斷地冒出，表示糖廠又到開工製糖的忙碌時刻了——讓這座糖廠「動」起來的主要力量正來自於鍋爐室，三座鍋爐日夜不停地燃燒，利用煮水所產生的蒸汽，作為全廠的動力來源，其重要性猶如糖廠的「心臟」，而領班蘇振峰就是這顆「心臟」的守護者。

走進善糖鍋爐室，三、四層樓高的磚砌鍋爐醒目地映入眼簾，「簡單來講，鍋爐室就是煮水變成蒸汽，送蒸汽給電氣室發電的地方。」蘇振峰說鍋爐室的工作對他而言並不困難，只是壓力比較大而已——因為只要鍋爐一個螺絲壞了，無法產汽供電，工廠就得停擺；所以全工廠要開動，一定是鍋爐室先起火，第一個開工，最後一個關閉。

蘇振峰於一九七四年考進臺糖，曾在小港、蒜頭兩處糖廠待過，二十多年前才回到善化故鄉，迄今已有四十多年的資歷。回憶早年得進到又悶又暗的鍋爐內刮除黑煙積碳，相當辛苦不說，清除排放出來的黑色煙塵更教人難受——即使戴上口罩也沒用，露出來的顏面手腳，仍然會被薰得黑黑的。蘇振峰自己也親身體驗到，那排出來「尾巴的煙」很細，還有油油的感覺，即使全副武裝還是會黑黑的，洗不掉。

蘇振峰說他當年在蒜頭糖廠工作時有個笑話：有位老師傅的太太到廠裡來找丈夫，結果站在眼前的「黑人」，她居然認不出就是自己的丈夫，可見煙塵的「厲害」。

正因黑煙有空氣汙染的問題，善糖先是用水沖，噴水洗滌，來改善黑煙的排放；一九九五年進一步設置袋濾式集塵設施，讓黑煙漂白，但光是一年換袋的成本就要幾百萬元。至於集中下來的煙塵，與經過沖水、沉澱後的爐渣灰可以做成肥料，提供有需要的農民使用。

對蘇振峰來說，鍋爐室是他燃燒青春的地方，四十年來他守著這顆「心臟」、守著糖廠，人生由少年變灰髮，卻也換得了安穩的生活，他無怨無悔。

像個太空基地的鍋爐室

緊閉著的鍋爐口，點點紅色的火苗不斷地噴飛出來。

鍋爐室外部連接著各式大大小小的管子及儀器──送風機、抽風機、蒸汽壓力器、風壓計……；側邊還有個「洞」，長約40幾公分、寬50幾公分，是製糖期供工人出入維修的開口，鑽進去，鍋爐裡的煙道彎來彎去，還有多個阻隔煙道的鐵管，整個設計像個迷宮。鍋爐的最底部是鍋爐口，有上、下兩個小鐵門開關，上層是燒蔗渣的爐床；下層是送風口，這風還得加溫，一般要加溫到攝氏170度，因為冷風的燃燒效率較差，後頭還有二次風，因為「火鼎」在燒的時候，必須噴風擾流助燃。

鍋爐產生動能的原理跟核能發電一樣，同樣都是煮水，只是所使用的燃料不同。鍋爐是使用壓榨後的蔗渣來當燃料，有上下爐鼓，中間有很多管路連接，下爐整個都是水；上爐裝蒸汽，用導管再次加溫出來的蒸汽為「飽和蒸汽」，水分含量很高，再加溫一下，裡面就幾乎沒有水分，可以作為能量使用。為達到節省能源及更好的動能效果，鍋爐是採密閉式設計，可加壓煮沸到攝氏330、340度，產生出來的蒸汽可以提供發電或用來推動機械。

善化糖廠從創建之初即採「汽電共生」的方式運作，汽供電，電用過的汽，還能以凝結水的形式再度回到鍋爐，循環重覆使用，因此早年善糖所產生的電，不僅足夠供應工廠本身，還有多餘的電可以賣給臺電。後因工廠設備越來越多，馬達又越來越大，各部門用電需求也越來越甚，種種原因，讓善糖產生的電已不敷使用，還得額外向臺電買電才行。

儘管如此，蒸汽所形成帶有溫度的凝結水，比起一般自來水乾淨，仍是製糖作業中，確保砂糖品質不可或缺的一環。

鍋爐裡的煙道彎來彎去，還有多個阻隔煙道的鐵管，整個設計像個迷宮。在微暗的幽光中，不時有白色的蒸汽自管子的接縫處竄出。

三個鍋爐猶如三頭巨大的外星怪獸，猛力地吞噬送進來的每一口蔗渣。

甜蜜人生 11

與電共處的人生

電氣室｜王國興

糖廠運轉的動力來源，除了鍋爐室的蒸汽所產生的動能外，另一個重要來源就是向臺電購買的電力，動能到底產生多少？買多少電？全靠電氣室的監控及調度，因此其重要性不言可喻。如果說鍋爐是糖廠運轉的「心臟」，那麼電氣室就猶如是「心室輔助器」；負責保養及維護、操作這部機器的電氣室人員，就是這部機器的醫護團隊——王國興就是團隊的召集人，確保糖廠供應順暢。

最令王國興難忘的，是一次高壓電設備受潮事件。由於自鍋爐室輸送過來的蒸汽進入背壓式氣輪機時，因為蒸汽外洩而往上飄到鐵皮屋頂，高達三百多度的熱氣在冷空氣中凝結，就

一次高壓電設備受潮。王興國顧不得危險，請人員爬上樓梯，在高壓電設備上方罩塑膠帆布當臨時遮雨棚。

像下雨一樣，滴在二千二百瓦的高壓電組設備上，不只發出霹靂啪啦聲響，還不斷竄出閃閃火花，情況很嚇人。那時剛好當班的王國興，顧不得危險，立即召來現場所有人員在高壓電設備上方罩塑膠帆布當臨時遮雨棚，以避免水珠繼續滴落，而暫時化解了受潮可能會有短路的危機。

事後回想，王國興才驚覺真的「很恐怖」，在沒搭鷹架、做好安全準備的情況下，僅憑一旁的工作樓梯加上起重機就爬上十公尺高的天花板，光爬就令人腿軟，何況下方還是高壓電？萬一有個閃失，後果真不堪設想。不過，當時大家也顧不得那麼多，搶救要緊。然而沒想到暫時搭的帆布罩只

甜蜜小辭典

掌握用電狀況的電氣室

在善糖的電氣室裡，最醒目的設備就是「背壓式氣輪機」以及連接在前方的「透平發電機」，兩具設備全罩在鐵殼內，像軍事碉堡，又像是一艘密閉式的救生艇，造型很有趣。發電機內部則會放上兩顆電燈泡，二十四小時亮著，藉著燈泡的微溫來保持內部的乾燥。

平時電氣室的工作通常只須在監控室，透過電腦螢幕掌握各部門的用電狀況，平穩供電即可。所有自產的電，全都會顯示在「發電機」的監控設備，旁邊是「臺電盤」，每天可產多少自發電？外購多少臺電？都看得一清二楚。這些電分別送往哪個部門，包括製糖部、楊水泵、分蜜機、B壓榨、A壓榨、鍋爐室、機械部等，也都有清楚的紀錄，以避免一個地方跳電，影響到其他的部門。原則上在非開工時，因為用電量少，以使用臺電為主；到了開工期，全廠動起來，用電需求量大，就非自發電不可，不足部分才向臺電買電。

自 1960 年起用的透平發電機，為利用鍋爐室所產生的高溫高壓蒸汽傳動發電。

勉強支撐了約二十天的製糖工期就不行了，重新開工後，工作人員一早來到現場就聽到高壓電銅條霹靂啪啦叫，因為帆布撐不住，整個垮下來，使得原本盛在帆布上面的水全都灌下來了。這下子只好把電全部都停掉，花了兩天時間重新搭蓋帆布，以求撐到開工期結束——連同他在內的所有電氣室人員，每天上班都提心吊膽，深怕帆布會再度垮下來。

當時，受到停電影響，善化糖廠破天荒地在開工期全廠停擺了兩天，事後調查意外的原因，發現原來是氣輪機在拆掉外殼進行內部零件維修重組時，有個地方沒鎖好，才造成蒸氣的外洩，引爆高壓電放閃的畫面——那情景，至今仍教王國興記憶深刻。此事後來也成了電氣室的活教材，每次機械維修時總要特別留意，以免再度發生氣體外漏事件，確保安全。

王國興從一九七四年就來到善糖電氣室服務，早已習慣與電共處的日子，下了班則成了家鄉安定長興宮管理會的委員，致力於民俗文化資產的推廣及保存工作。對他來說，在糖廠工作是本業，可以養家；參與廟務則是做義工，讓生活變得更有意義。

工作人員戲稱背壓式氣輪機是一隻「烏龜」，在非開工的保養期，就得脫掉「烏龜殼」，一一檢視耗材零件，該換的換，該維修的修。

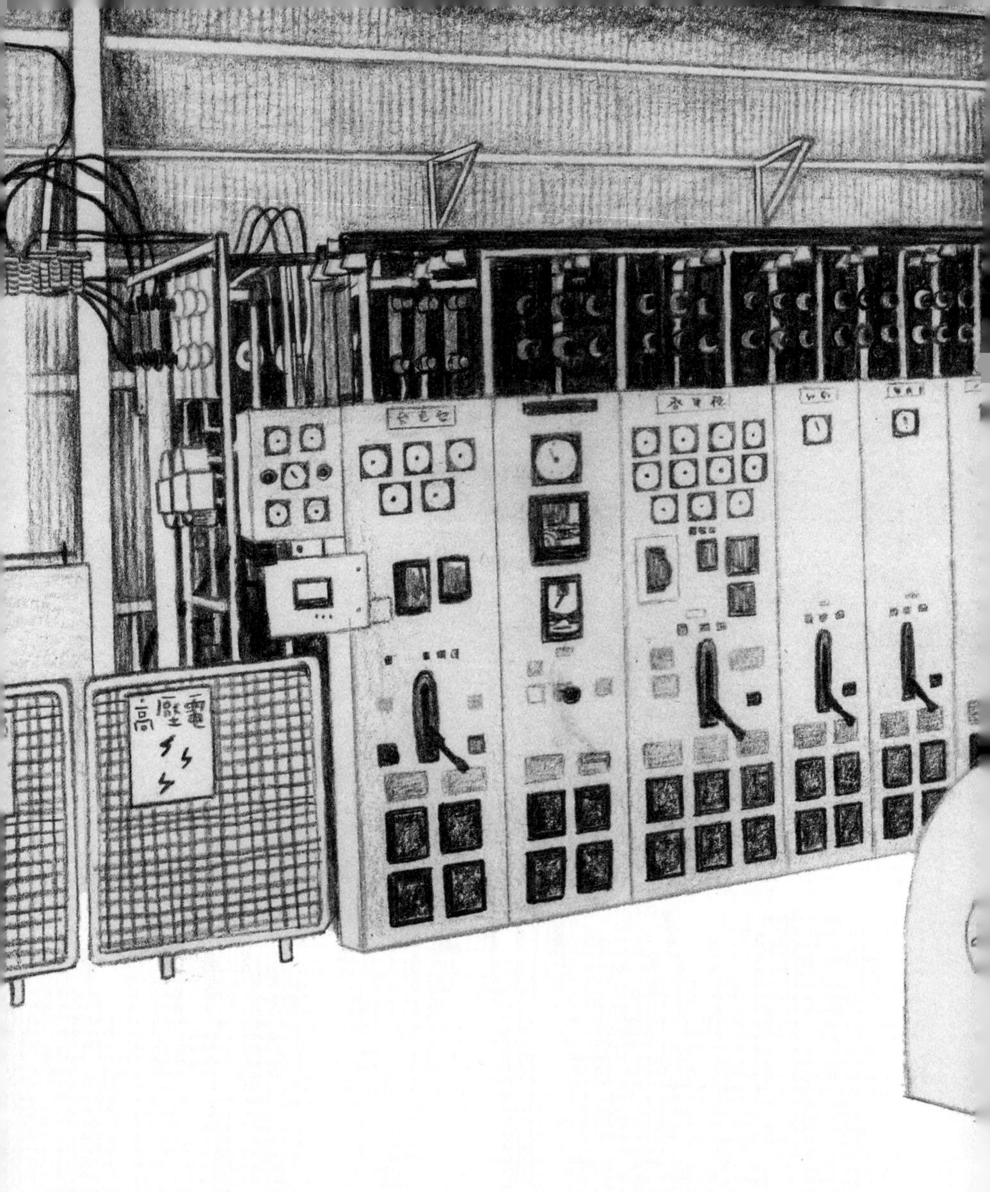

如果說鍋爐是糖廠運轉的「心臟」，
那麼電氣室就猶如是「心室輔助器」，監控及調度糖廠的用電量。

製糖工場的眼睛

檢驗課｜蔡燿旭

砂糖製作，表面上只須經過壓榨、清淨、結晶、分蜜等流程，就能把甘蔗從原料變成糖，成為日常生活中不可或缺的食材及調味料，但不為人知的是，每個流程的進行，都得經過檢驗課仔細的把關，以確保「臺糖出品」的招牌。因此，善糖檢驗課化驗領班蔡燿旭形容，檢驗課就是監控砂糖品質良窳的「眼睛」。

蔡燿旭於一九七九年中學畢業後正式進入臺糖服務，除了第一年是在鍋爐室外，其餘時間都在檢驗課，服務年資至今已逾三十年，是目前檢驗課裡最資深的員工。細數製糖過程中的檢驗項目，蔡燿旭說從壓榨開始到成品糖的檢驗，林林總總一共有二十七道關卡，有的每隔四或八小時就得檢驗一次，有的則以每罐或每批為單位，並各有管制上限及雙邊管制的不同。

如「末轆汁」的蔗渣糖度，以百分之三點一為上限，每八小時取樣一次；清淨室的加灰汁ＰＨ值（酸鹼度）就得每四小時驗一次，採雙邊管制，不得高於八點二、低於七點零；就連濾泥糖度及廢蜜純度也有規定，分別以百分之四點六及四十點五為上限；其餘如結晶過程中的糖膏錘度、糖度純度、分蜜後的砂糖糖度、水分、沉積物等，也各有不同數據的嚴格要求。就是這樣層層把關，檢驗課不讓一絲瑕疵逃過雙眼，甚至能透過異常數據反溯源頭，把各部門間平常未曾察覺的問題發掘出來，提供給單位主管做為追溯改善的依據。

蔡燿旭談起糖廠全盛時期的過往，讓他不勝懷念。他說當時檢驗課轄下有四個班，每個班共有八名成員，只有領班是正式員工，其餘都是季節工，大家相處就像一家人一樣，每當交接班的時候，問候聲此起彼落，很是熱鬧。

如今臺灣製糖工業式微，檢驗課從過去下設檢驗及品管兩個股的獨立單位，縮減為今職業安全衛生課中的一環，正式領班也由過去四人減為兩人，每班包括季節工在內只剩三人——人力的變動，恰巧也反映了製糖工業在臺灣的興衰。倒是檢驗設備，雖然隨時代更新，多已由電子設備取代，但蔡燿旭還是喜愛手工操作的檢驗質感，一部日治時期建造的舊式檢糖機，到目前他還是捨不得把它收進文物館裡，仍然保留在檢驗課的一隅，以備不時之需，流露出他對檢驗業務深厚的情感。

檢測糖漿濃稠度的錘度計。

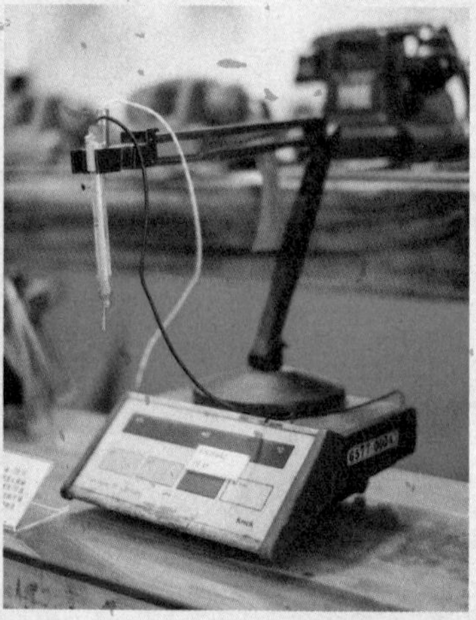

用來檢驗酸鹼度的 PH 計。

日治時期的舊式檢糖機。

一板一眼的檢驗課

在甘蔗採收進到糖廠過磅時，首先就得抽樣檢驗其所含的夾雜物質，每一卡車約採六公斤的甘蔗，檢驗其夾雜物的比例，就可得知全車的淨蔗量，計算其可分得的糖量。

接著進入到壓榨室，在四重壓榨過程中，一共會取初榨汁、末轆汁及混合汁三個樣本，分別檢測蔗渣糖度、水分及沖稀度。「初榨汁」顧名思義就是第一重壓榨後的蔗汁，目的是為了要預估其產糖比率。若初榨汁錘度低，表示甘蔗還不成熟，就得向原料課反映，調整採收順序，以管控甘蔗採收進來的品質是最成熟的——惟有甘蔗愈成熟，糖度愈飽和，提煉出來的糖才會多，產糖率才會高。「末轆汁」是最後一道壓榨出來的蔗汁，因為須加水的緣故，若錘度低，表示之前壓榨過程中，糖分已拿得很乾淨，榨出率很好。「混合汁」則是指將四道蔗汁混合後來驗，一旦混合汁錘度低，代表最後一道壓榨水分加太多，必須用更多的能源來將水分蒸發掉，這也是不行的。

檢驗課人員到開工期，得二十四小時輪班不休息。

此外，鍋爐室在燃燒蔗渣過程中也必須管控爐水的PH值，若其水質呈現酸性時，表示糖跑進水裡，造成水質變酸，一定要把原因找出來。而鍋爐的水來自蒸發罐，到底是哪一罐洩漏，也必須查清楚，找到了就要趕快關掉，因為那水已經不能再繼續使用了。至於是管子破掉了，還是其他原因所造成？正好可提供該部門的人員回頭來檢視機械設備。

就算是已經分蜜好的成品糖，若沉積物化驗結果落在不合格的E級，同樣不能入庫，必須回溶；至於糖粒大小，也得經過糖篩器的篩檢，因此每一步驟都虎馬不得，才能確保每一批糖的品質。

甜蜜人生 13

臺糖詩人

製糖工場｜鄧豐洲

善化糖廠製糖工場主任鄧豐洲，除了職場上的製糖專業外，更令人驚訝的是，他還是一位傳統詩人兼文史工作者及仙道學者，著作豐富，一首〈糖詩十八首〉，將現代製糖流程以傳統詩的方式呈現，堪稱前無古人、後無來者，饒富趣味也創意十足，讓人見識到他博學又多才多藝的一面。

鄧豐洲一九七〇年考進臺糖，三十多年的糖廠員工生涯，除了五年在新營生產技術服務處、六年在蒜頭糖廠檢驗課做化驗品管外，其餘時間都在製糖工場，督導製糖的各項工作——從甘蔗一入廠的壓榨，到清淨、蒸發、結晶、分蜜等過程，都得掌握，以確保開工後一天二十四小時的製糖作業順暢，不會打結。

對身為製糖部門主管的他來說，督導現場作業，雖不必像技術員一樣要分組輪班，好像比較輕鬆，但相對地背負的責任也大。例如每天一早就得檢視報表，了解各部分的運作情況；也要到現場巡視，一有發現異常，就得趕緊排除障礙，以免影響到壓榨量——更何況原料甘蔗在採收後有其新鮮期，一定要在三天內處理；如果須緊急搶修設備，就得通知原料單位停止採收，現場只存一天的量。因此從十二月到隔年三、四月製糖期的五個月期間，得隨時待命才行。

鄧豐洲就曾有半夜被人叫醒、火速趕到工場處理突發狀況的經驗，評估後續的處理問題——該修理就叫人來修理、該停工就停工，就是身為製糖工場主任的職責。他還記得，從不淹水的善化糖廠，八八風災時曾水淹約一尺高，所有泡水的馬達都得重洗，還好不是開工期間，因此對糖廠的運作影響不大。

撇開職場上的角色不談，鄧豐洲工作之餘的人生更為精彩，他直白地說，之所以開始寫詩，是因為很「無聊」。原來他在調升至蒜頭糖廠時，每天自善化搭火車通勤，一大早六點上車，得花一個半小時才到達，一天來回就要花上三小時，為了打發時間，他先是研讀漢詩，後來乾脆動筆寫詩，至今已創作六百多首，曾出版《鄧豐洲詩選文集》、《鄧豐洲古典詩集》，並獲《善化鎮志》列為「當代善化詩人」，其在傳統漢詩上的成就，要數〈糖詩十八首〉最讓人拍案叫絕。

鄧豐洲除了職場上的製糖專業外，他還拿起了相機，
記錄糖廠的設備及廠區風貌，一頭鑽進糖廠人文歷史的研究。

這組作品，鄧豐洲巧妙地將製糖流程以傳統漢詩方式呈現，從採蔗開始，經過輸送切蔗、壓榨甘蔗、蔗渣鍋爐、蒸汽發電、真空過濾、蔗汁蒸發、煮糖結晶、糖膏分蜜一直到乾燥包裝，每首詩都頗能傳神地將製糖各個流程的精髓表達出來，例如〈糖膏分蜜〉，他寫道：「糖蜜糖晶本一家，同居槽內共生涯，霎時流落離心器，蜜粒無緣各自衙。」糖廠的地標煙囪則是「巨圓高聳入雲霄，挺立園區突地標，廊動時光煙縷縷，開工季節糖香飄。」短短四句，道盡糖廠在製糖期間的風情。

也因為工作的需要，鄧豐洲還拿起了相機，記錄糖廠的設備及廠區風貌，

從高處俯瞰善化糖廠。

出版《善糖文史圖誌》、《臺灣糖業圖誌》及《臺灣糖廠文史景觀》等書，見證臺灣糖業的變遷，為糖廠留下不可多得的影像文化資產。沒想到這一拍，竟也拍出鄧豐洲對影像記錄的濃厚興趣來，而無心插柳成了一位文史工作者，投入對鄉土寺廟的研究，出版過三本善化區內的寺廟圖誌。

二〇一四年底屆齡退休的他，早已打算在揮別職場後，專心地投入地方歷史的記錄，在寫詩、煉丹之外，成就另一片天。

2

鄧豐洲身為善化糖廠製糖部門的主管，每天都要巡視現場，
一有發現異常，就得趕緊排除，以免影響到甘蔗的壓榨量。

甜蜜人生 14

善糖大掌櫃

總務課｜翁文仁

一個企業的運作，少不了許許多多的螺絲釘，總務課堪稱是協助螺絲釘運轉最重要的樞紐之一，負責企業的大小事務，小至日常清潔維護、文書採購，大至廠區環境、資產整修，很多看似不起眼的事，卻是不可或缺——翁文仁就是這麼一號人物，猶如是善廠的大掌櫃，從一九九九年至今，十六年的總務資歷，早已練就一身運籌帷幄的本領。

一九七八年，翁文仁以技術訓練中心的建教生進入臺糖，經半年實習，畢業後分發到烏樹林糖廠的電氣室電力股服務。沒想到當兵服役兩年期間，烏樹林糖廠因臺糖公司組織業務調整而關廠，回不去了，因此一九八三年退役後改派玉井糖廠，一待十二年。一九九五年五月調南靖糖廠，職務跟著從電機技術員升為電機副領班。

翁文仁並不因此而感到自滿，翌年七月他參加臺糖內部升等考試，一百多人報考，只錄取六名，他以第四名的成績，爭取到晉級的機會，成為北港糖廠的電機工程師。一九九九年調任臺糖總公司祕書處事務組，職場生涯也有了大轉彎——從此由一位製糖的現場電機技術人員，成為行政人員，轉換跑道，經五年的歷練後，也從職員變為部門主管，擴展不一樣的從職視野。

二〇〇九年十月，翁文仁改調至善化，出任臺南區處總務課長兼善化糖廠管理課長，負責督導採購、文書、出納、庶務及文化資產的保存及活化等工作，事情相當瑣碎，尤其臺南區處下轄全臺南市九個糖廠，雖然大部分都已關廠停產，但廠區的環境及資產維護還是馬虎不得，讓他不禁自嘲：「這裡的業務，全公司最複雜，絕對不會有人來『搶』，因為要做的事最多。」所幸底下人手的辦事能力強，讓他對在臺南區處的總務工作感到游刃有餘。

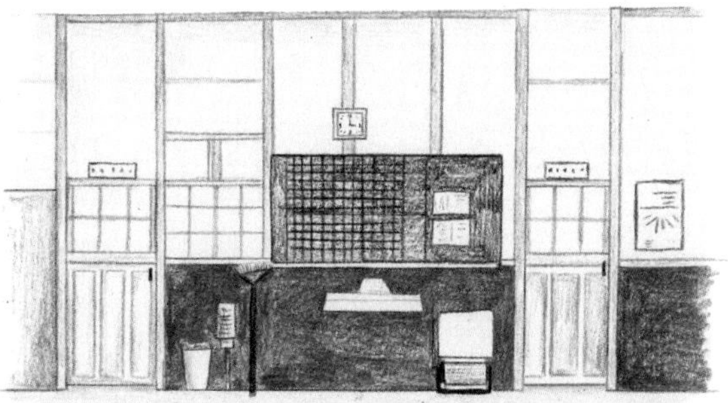

小至日常清潔維護，大至廠區環境整修，很多看似不起眼的事，都是屬於總務課的工作範疇。

他不諱言，政府要鼓勵事業機關做好文化資產保存，應該從政策面給予協助，例如由行政院提案、送立法院通過，將文化資產保存的開支能納入政策性損失，而不是一般預算，否則事業機關在盡量減少支出的前提下，對糖業文化資產的保存有時難免會感到力有未逮——但外界不了解，常讓臺糖承受不少的指責，實在冤枉。

以糖福印刷為例，他說：「這套設備原本是屬於臺糖公司職工福利委員會所有，在該會的協助配合下，於二〇一一年由臺糖公司以四十萬元購置並經過簡易整理後，先向臺南市政府文化局提報五件古物申請，再於二〇一四年與臺南市政府文化局合作，向文化部文化資產局爭取產業文化資產再生計畫補助，進行包括糖福印刷設備及內燃機車庫在內的「糖福印刷設備陳展暨糖廠文化景觀規劃」案。二〇一五年則依之前規畫成果報告內容，續與文化局合作，申辦展示、DIY、多媒體互動體驗之硬體改善設施及文創開發等多元方法，以活化這套全國獨一無二的糖福印刷設備，讓文物見證時代，並成為新世紀的文化財。

「有時想想，做總務工作也不錯，雖不能搬上臺面，但大家都在看。」累積十餘年的總務心得，翁文仁已學會從工作中找到成就感，例如溪湖糖廠全廠內的道路鋪面、廠大門景觀及溪湖糖廠文物館的建立，就是在當時的單位主管及公司祕書處的支持下，在他任

廠區的清潔維護及保全可是馬虎不得。

內陸續完成的。來到善化以後，從善糖文物館及周邊環境整修擴建、廠區道路及各項建築整建、善糖製糖工場參觀路線改善，到目前新文物館的整理、耆老口述歷史訪談以及全市各糖廠的老樹列管、環境維護等——翁文仁深信，凡走過必留下痕跡，總務的幕後點滴，不會被大家忘記的。

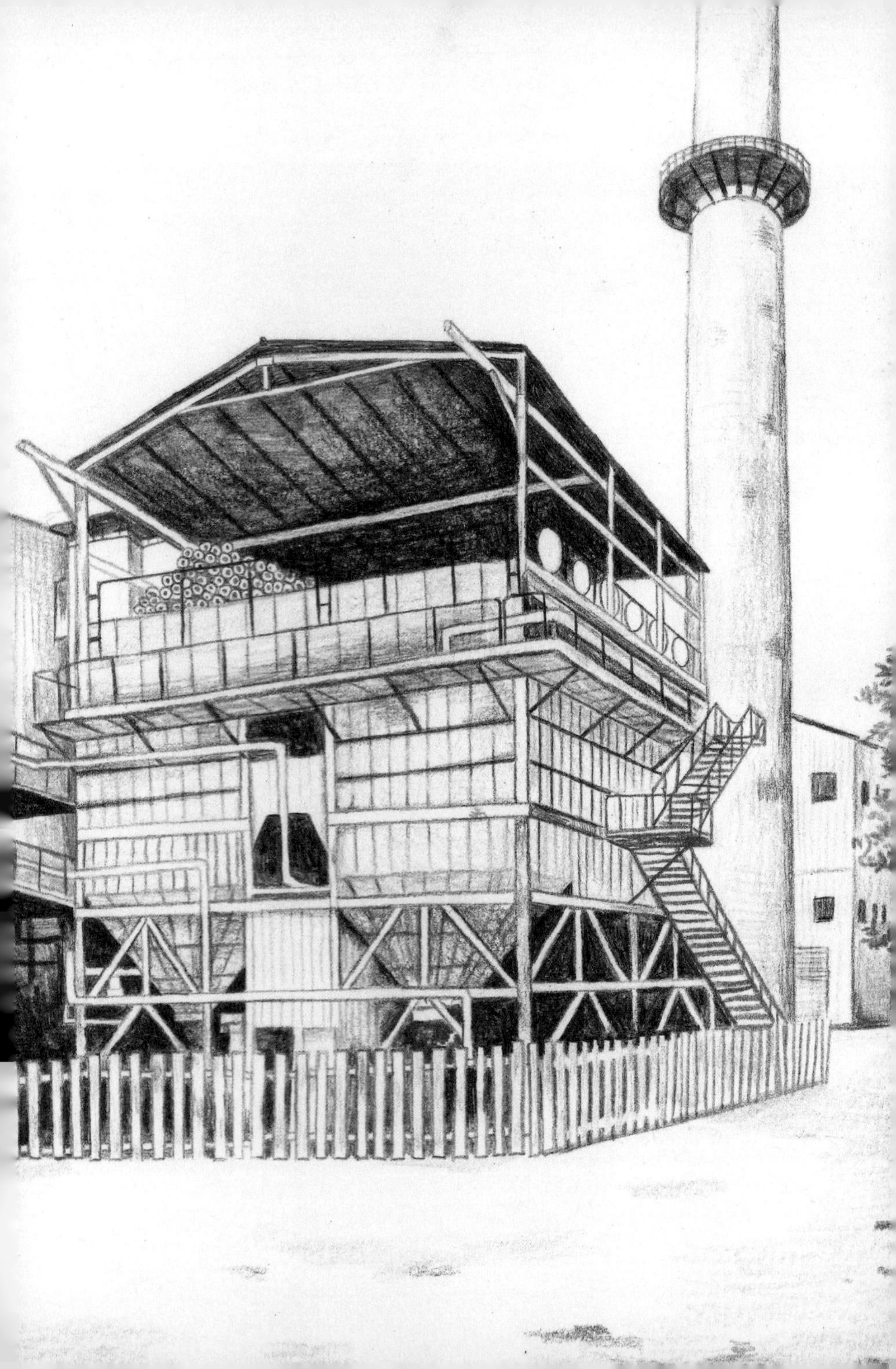

翁文仁身兼善化糖廠管理課長，廠區內大大小小事情他都馬虎不得。

守護文化資產的園丁

文物館｜洪秋林、吳子儀

如果說，善糖文物館是一處滿開著糖業文化資產的美麗花園，在善糖擔任文化資產工作的吳子儀和洪秋林兩人，就是這花園裡的園丁——從無到有，一點一滴地蒐集、建檔，並且規劃展示，讓老文物綻放新生命，重新被大家認識，期待耕耘出一個糖業文化研究的平臺，充實臺灣百年糖業史。

已在二〇一四年底退休的吳子儀，還在新榮高中就讀時，他就當起了臺糖的臨時工，「因為學校聘請修配廠的師傅、領班或主管來當老師，這些人有感於修配廠的專業技術傳承有斷層的隱憂，於是跟校長要求，希望挑幾個還沒畢業的學生來教。」吳子儀說他就是這樣進入了臺糖，邊做邊學，當時一天工作含兩小時加班在內，共十個小時；每個小時的薪資是三塊二毛錢，一整天可賺得三十二元。

事實上，吳子儀的父親及叔叔也都在修配廠服務，阿公也是臺糖員工，家族三代多達七十多人都在糖廠服務；有人在南靖，有人在新營或岸內，分別從事不同性質的工作。吳子儀初進修配廠，跟著老師傅學習，前後共歷經四位「日本製」（註：臺糖員工俗稱師承日治時代的師傅為日本製）師傅，奠定了扎實的車床技術——記憶中曾有一回，臺鐵因車輪故障修理不及，只好委託新營修配廠處理；由於臺鐵火車輪體積大，車床很不容易，至今仍令吳子儀印象深刻。

在修配廠的日子，每逢淡月時，吳子儀便要到新營糖廠清淨室支援，從一九八二年至二〇〇二年修配廠結束營業為止。在修配廠關廠後，廠內專業技術員工紛紛改調其他工作，吳子儀先是被派去太康高爾夫練習廠當管理員，二〇〇五年才改調至善化糖廠，開始投入臺糖文化資產的保存工作。

接棒的洪秋林，對文化資產保存也有著高度的熱忱。十九歲南光中學畢業後就進入了臺糖，曾先後在月眉、總爺、北港糖廠服務，二〇〇七年調至善化糖廠，中間一度轉換跑道，在不同事業體系的蜜鄰超商服務。

一到善化，洪秋林就被指派協助開館的重任，整理文物、建置解說資料，還訂定年度換展計畫，藉由不同主題，呈現臺灣糖業豐富多元的文化內涵。此外，他還著手進行退休資深員工的耆老口述歷史訪談，用聊天的方式，將老員工所傳承的知識、所經歷的生活記憶透過文字記錄下來，成為臺糖見證時代的可貴無形文化資產。從實習生、臨時工到臺糖的正式員工，洪秋林與臺糖結緣一晃三十多年，所服務的部門，從製糖、超商再到文化資產，職務的變換，恰如戰後臺灣糖業逾一甲子的縮影，在不同時代，留下不同的軌跡。

對於目前從事的文化資產業務，他秉持一股使命感，希望善糖文物館是一個全民的平臺，大家共同寫下臺灣糖業史，留給下一代。

糖廠員工專用的手提鋁製便當盒，造型小巧可愛。

2007 年成立的善糖文物館。

善糖文物館的收藏：

1. 轉轍器標誌
2. 手提號誌燈
3. 灣裡製糖所甘蔗產量及步留優勝銀盾
4. 手搖防空警報器
5. 手搖電話機
6. 日治時代出納金櫃（保險箱）

2

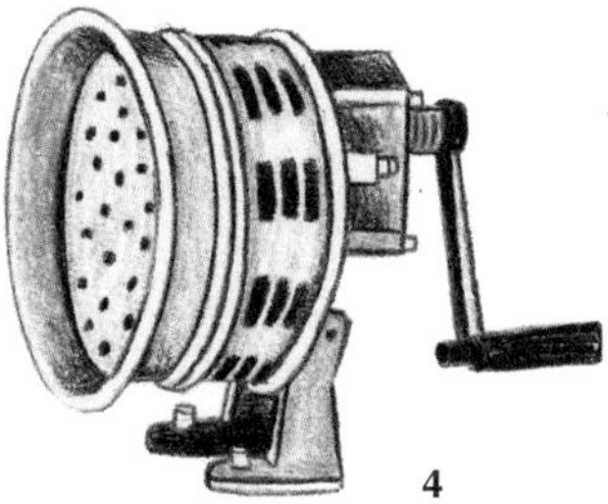

4

3

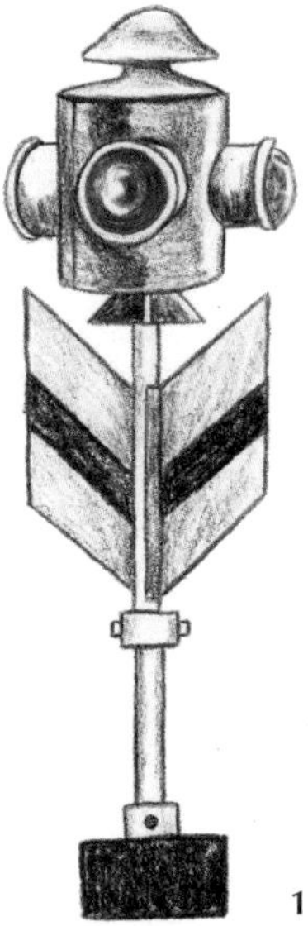

1

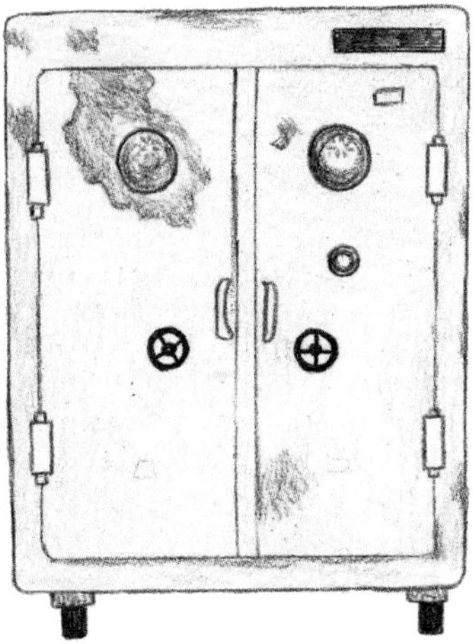

6

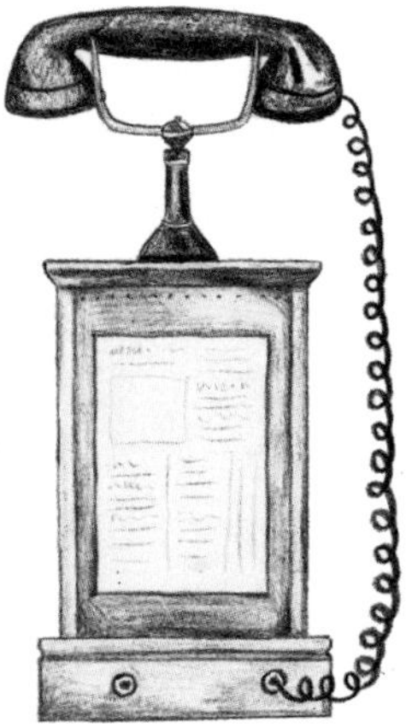

5

CHAPTER 3 甜蜜旅程

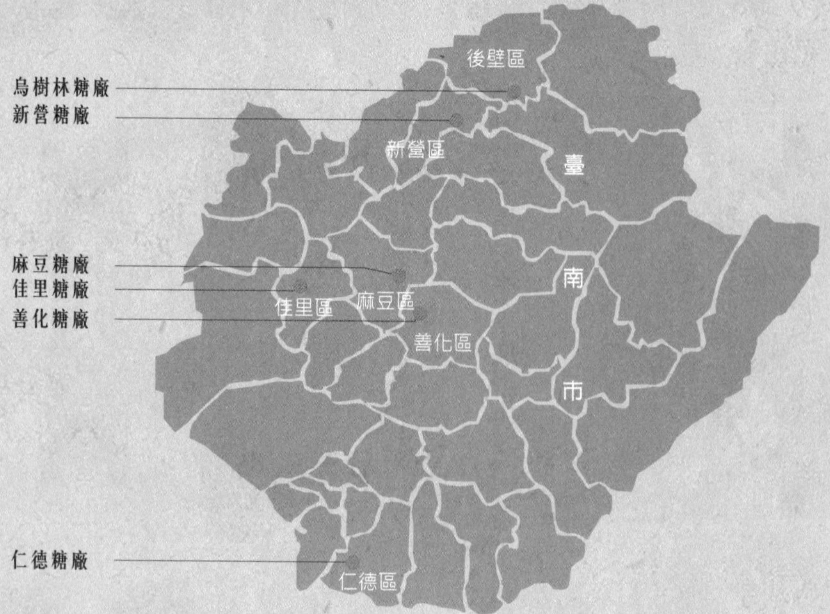

從第一座新式糖廠在二十世紀初成立以來，
高聳的大煙囪，曾是臺灣各地鄉鎮醒目的地標；
如蜘蛛網般深入各偏鄉角落的五分車鐵道，
不管是追著火車跑偷甘蔗，還是搭火車通勤，更是很多臺灣人的共同記憶。
如今糖業雖然式微，但近幾年在活化文化資產的熱潮下，
各地糖廠紛紛以不同的面貌展現，重新吸引了人們的目光。
例如麻豆及佳里糖廠，如今轉型為國際藝術村，成了地方的藝文重鎮；
委由十鼓文創公司經營的仁德糖廠，是民眾親近鼓樂的好去處；
新營及烏樹林糖廠開辦的五分車懷舊之旅，
更是親子同遊、回味好時光的最愛；
而仍在製糖運作的善化糖廠，則見證臺灣一世紀以來的糖業發展……，
這些不同經營特色的糖廠，讓臺南糖業走出更為精彩多元的新風貌，
值得大家一一造訪。

工藝美學新地標

總爺藝文中心

地　址｜臺南市麻豆區南勢里總爺 5 號

電　話｜(06) 5718123

開放時間｜9：00～17：00（週一、週二及除夕展示館休館）

門　票｜入園免費

網　址｜http://tyart.tnc.gov.tw

1. 紅樓辦公室為園區內最醒目的建築物。

2. 日治時期的「總爺製糖所」老照片。

從麻豆市區往東邊的方向走，沿著興中路就可以來到「總爺藝文中心」，進入園區，一眼就可以瞥見右前方的紅樓辦公室。

麻豆糖廠原是日治時期的「總爺製糖所」，也是「明治製糖株式會社」的本社所在，廠區規劃完善，除了製糖工場外，尚有事務所（辦公室）、修理工場、停車場，郵局、醫務所、俱樂部（今招待所）、宿舍等，區域內遍植龍柏、芒果、龍眼、榕樹、樟樹、黑板樹等各種喬木，植物生態豐富，環境優美。一九九三年糖廠關廠後，保存下來的招待所、廠長宿舍、紅樓辦公室、紅磚餐廳等都已列為古蹟，與原有的生活空間一併由臺南市政府承租下來，注入藝術及人文，蛻變成為「總爺藝文中心」。

目前「總爺藝文中心」定位為包含金工、玻璃、陶藝等立體類的視覺藝術中心，紅樓及其斜對面的招待所等幾棟古蹟都成了展場。筆直的樟樹大道，更是這裡的一大景觀特色，走在其間，陽光自濃密的樹梢灑下，呼吸著充滿芬多精的空氣，別有一番慢活的悠閒樂趣；右邊綠色的大草坪，是親子最愛的區域，可以放心讓孩子們在這裡跑跳、放風箏，有時會有藝文活動或表演，讓民眾自然而然地親近藝術、也讓藝術走入民眾的生活；樟樹大道盡頭處左側的廠長宿舍同時也是展場，屬日本傳統民居風格，建築優雅別緻。

1. 屬日本傳統民居風格的廠長宿舍。
2. Heterophonic DaDa 作品《白色房間—和紙禮服》現場展覽一景。

糖廠周邊小旅行

麻豆之名，緣於四百多年前西拉雅平埔族的「蔴荳社」（Mattau），是一個地靈人傑的好地方。日治時期，在此設立糖廠，帶動另一波的地方繁榮，電姬戲院、中山路與興中路老街等，都是時代留下的見證。三月柚花飄香、八月文旦成熟，此時節來麻豆旅遊別有一番風情。

一日遊

總爺藝文中心→蔴荳古港文化園區→午餐（吃麻豆碗粿）→代天府拜拜→麻豆老街巡禮→賦歸

蔴荳古港文化園區｜麻豆原為一處重要港口，在內海（潟湖）淤積之後，僅在水堀頭留存一處三合土結構物。2003 年指定為縣定古蹟，規劃「蔴荳古港文化園區」，內設「倒風內海故事館」，以展示古港的出土遺物，可對麻豆古港、倒風內海的歷史有一深刻的認識。

倒風內海故事館　**地址**｜臺南市麻豆區南勢里南勢 87-30 號
電話｜06-5717391

代天府｜1956 年因麻豆地靈再現，遂興建代天府，主祀李、池、吳、朱、范五府千歲。廟宇占地寬廣，建築宏偉，有樟木刻的立體門神、技術精湛的交趾燒、剪黏與彩繪，樣樣皆是大師作品。廟後聳立 76 公尺的巨龍，創造天堂、地獄、龍王水晶宮三大景觀，富有教化的功能。

麻豆碗粿｜麻豆的碗粿與文旦一樣知名，是來到當地不可不嚐的小吃，如圓環邊的阿蘭碗粿、南方米造秈稻碗粿，或是高速公路交流道轉角的阿樹碗粿等，都是遊客慕名的店家；而麻豆人熟悉的老味道，還有中央市場內的助仔碗粿，已有將近一甲子的歷史。

麻豆老街｜1920 年市街改正，麻豆老街始發展為現今樣貌，由興中路一路綿延至中山路的街屋，約有一公里長，兩旁建築物多保有巴洛克及現代裝飾紋樣，每一間造型都不相同，值得抬頭細細瀏覽。較具代表性的有中山路上的電姬戲院、麗嬰房、永發商行、85 度 C；興中路上的允成食品、翰林緣、興群車業等。

電姬戲院｜已歇業多年的電姬戲院共有二層樓，可容納約四百人看電影，正立面三個圓框，由右到左分別是「電」、「姬」、「戲院」四字，兩旁各有七個石獅浮雕，象徵每週七天都開門營業。目前戲院待維修中，整理過後仍會是中山路上一大亮點。

蕭壠文化園區

倉庫群蛻變為國際藝術村

地　址—臺南市佳里區六安里六安130號

電　話—（06）7228488

開放時間—9：00～17：00（週一、週二及除夕展示館休館）

門　票—入園免費

網　址—http://soulangh.tnc.gov.tw/

1

2

1. 小朋友最愛的兒童遊戲館。

2. 日治時期的「蕭壠製糖所」老照片。

佳里糖廠原是明治製糖株式會社的「蕭壠製糖所」，也是該會社在臺灣建立的第一個製糖工場，甚具歷史意義，因此在一九九八年糖廠停工閒置之後，前臺南縣政府時代便向臺糖承租，予以活化再利用，規劃為「蕭壠文化園區」，二〇〇五年一月正式對外開放。

不同於「總爺藝文中心」的綠意盎然，這裡最大的空間特色是成排的倉庫群，總共十四棟，有鐵道貫穿其間。文化局在倉庫與倉庫之間做了可遮蔭的設計，使得原本單純只是火車進出的鐵道空間，形成別具魅力的廊道；沿著廊道漫步，腳底下的鐵軌，以及刻滿風霜的倉庫斑駁大門，似乎都在訴說這裡曾有的甜蜜輝煌。一間間的倉庫，在文化局的規劃下，也有了不一樣的面貌，從兒童遊戲館、兒童美術館、西拉雅平埔文化館、臺南藝陣館到室內劇場……，不同功能的空間規劃，讓舊倉庫在新世紀以更活潑的姿態拉近與民眾的距離。

二〇一三年起，文化局進一步在蕭壠文化園區成立國際藝術村，每年遴選國內外藝術家來此駐村創作，視覺的、表演的、跨領域的，各種創意發想都在這裡交流激盪，打造蕭壠與眾不同的定位與風格。

倉庫群之間的廊道，成為特殊的空間。

1. 韓國駐村藝術家 Young 作品《光・媒材・宇宙 I》現場展覽一景。
2. 蕭壠文化園區最大特色是成排長條的倉庫群，有鐵道貫穿其間。

糖廠周邊小旅行

佳里，昔稱為蕭壠，為西拉雅族四大社之一，也是明鄭時期天興縣治的所在，歷史相當悠久。遊逛完蕭壠文化園區後，絕不可錯過三級古蹟——金唐殿與震興宮，廟內的交趾陶、剪黏作品都具有高度文化價值。惟金唐殿因坐落於中山市場前，早上人聲鼎沸、巷道狹小，建議自行開車者，宜下午前往參觀。

一日遊

蕭壠文化園區→震興宮→午餐（吃佳里肉圓）→金唐殿→中山路老街巡禮→賦歸

震興宮｜從蕭壠文化園區沿著臺 19 線往北，可來到佳里興的震興宮。佳里興地區，為佳里最早開發地，廟前的「古天興縣治紀念碑」可見證風華一時的過往。震興宮創建於 1723 年，主祀清水祖師爺，廟內有葉王的交趾陶作品，為廟宇重要的文化資產；牆上一幅「八仙過海」交趾陶因屢遭竊而請工匠補做，現只剩曹國舅、仙童、蟾蜍、龜、魚為葉王的原作。除此之外，亦有府城蔡草如的門神、王保原的剪黏、彰化陳壬水的木雕，都是重點作品所在，值得細細欣賞。

地址｜臺南市佳里區佳里興 325 號
電話｜ 06-7260348

包仔福肉圓｜佳里的特色小吃──湯肉圓，是將先蒸後炸過的肉圓再舀入大骨高湯，其上放點蒜泥香菜，這種口感與乾的肉圓大不相同。早期湯肉圓稱為「包仔」，佳里人因此也稱發明者陳金福為「包仔福」，後來為避免與大家所認知的包仔混淆，而改稱為佳里肉圓。

地址｜臺南市佳里區延平路 215 號

金唐殿｜金唐殿創建於 1698 年，為臺灣一處藝術殿堂，有為數眾多的何金龍剪黏作品，也是唯一將國父孫文的塑像立於廟宇之上的傳統建築；正殿後方的「蕭史弄玉」洗石子浮雕，堪稱為全臺稀有品，是何金龍第三代傳人——王保原的傑作。此外，三年一次的「蕭壠香科」，為臺南地區五大香之一，由 108 位小朋友裝扮的真人蜈蚣陣是最具特色的陣頭。

地址｜臺南市佳里區中山路 289 號
電話｜ 06-7226060

中山老街｜金唐殿左右兩邊的中山路一帶，從古至今一直是佳里最熱鬧的地段，商家雲集，現仍可見日治時期街屋以及周邊具有巴洛克風格的店面建築，可對過往的繁華歲月有一了解。

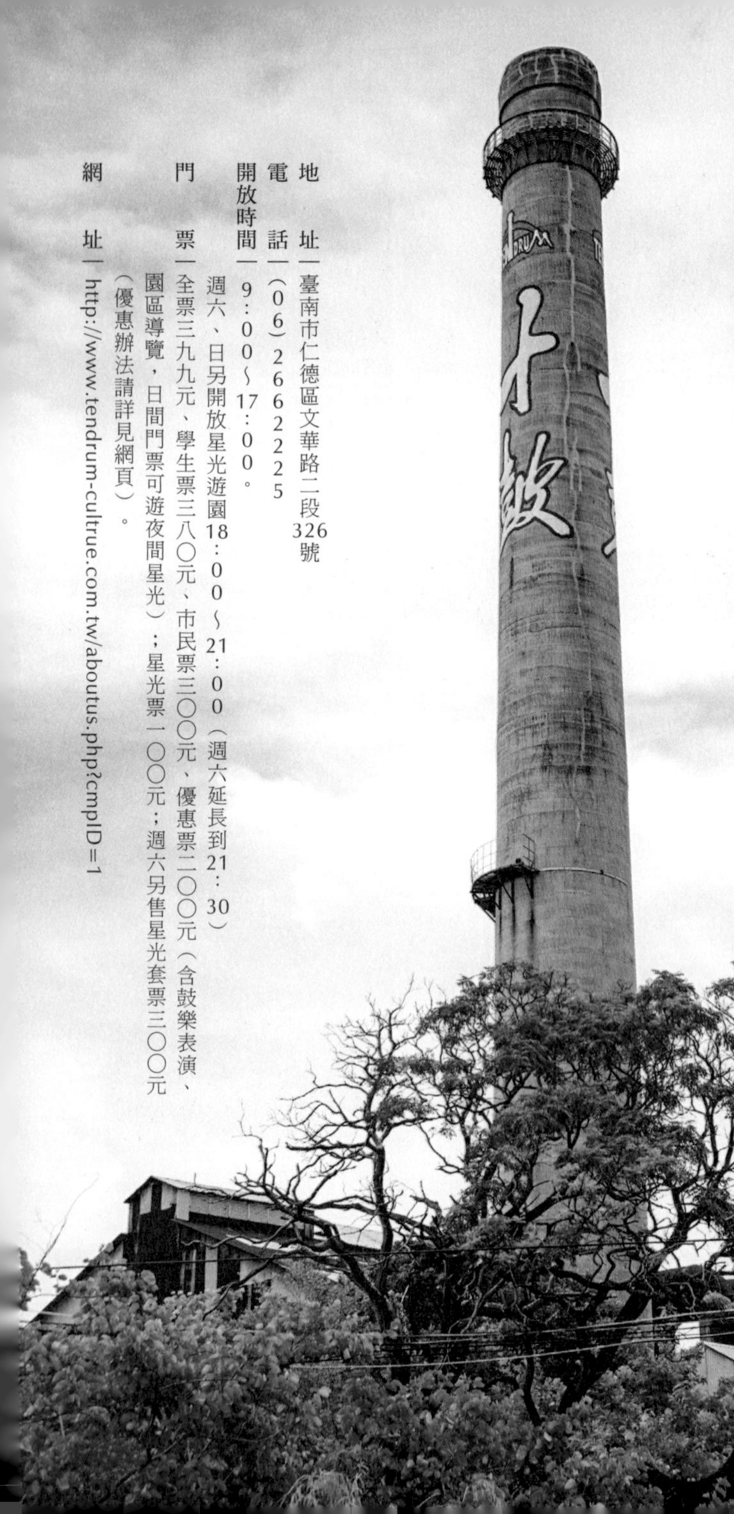

鼓樂的魔法世界
十鼓仁糖文創園區

地　址｜臺南市仁德區文華路二段326號

電　話｜（06）2662225

開放時間｜9：00～17：00。週六、日另開放星光遊園18：00～21：00（週六延長到21：30）

門　票｜全票三九九元、學生票三八〇元、市民票三〇〇元、優惠票二〇〇元（含鼓樂表演、園區導覽，日間門票可遊夜間星光）；星光票一〇〇元；週六另售星光套票三〇〇元（優惠辦法請詳見網頁）。

網　址｜http://www.tendrum-cultrue.com.tw/aboutus.php?cmpID=1

1. 舊的三座大儲蜜槽，現已再利用為兒童遊戲室、咖啡廳與展史室。｜ 2. 日治時期的「車路墘製糖所」老照片。｜ 3. 在十鼓的改造下，可登上「空中步道」來到儲蜜槽屋頂，欣賞整個園區的風景。

百年糖廠蛻變為文創基地，仁德糖廠堪稱模範生。這裡原是臺灣製糖株式會社所屬的「車路墘製糖所」，二〇〇三年七月關廠後，一度閒置，但因其鄰近臺南市區的地利之便和幽靜的環境，被十鼓文創股份有限公司相中，向臺糖承租，以鼓樂為主題，重新賦予百年糖廠新風貌，寫下臺灣主題文創園區的創舉。

來到這裡，彷彿進入了鼓樂的魔法世界，不只有定期的鼓樂表演可供欣賞，還可以親自體驗打鼓的樂趣。進入鼓博館，更猶如進入了鼓的大觀園，東西方各種不同的鼓，教人大開眼界；餐廳、販賣部也可見各式各樣的文創商品，從飯盒、筷子到吊飾、鑰匙圈，都不脫鼓或鼓棒的造型，兼具實用及美觀，讓人從聽覺到視覺，充滿了鼓的百變趣味。

在工作人員的導覽下，可一覽糖業所遺留的工業遺址——磚造糖蜜槽。

除了將舊倉庫規劃為簡介館、鼓博館、擊鼓體驗教室、視聽館、劇場等不同功能的空間外，原有製糖設備的工業遺產，在十鼓的改造下，更是不容錯過。三座大儲蜜槽，有的成了小朋友的遊戲室，有的成了咖啡廳或展示室，還可登上「空中步道」來到糖蜜罐屋頂，欣賞整個園區的風景；連接糖廠的老榕，透過走道的設計，也成了「森林呼吸步道」；幾個巨大齒輪併在一起，就成了十鼓擊樂團最佳的露天戶外表演臺。

二〇一五年起，十鼓還陸續運用了舊廠房及地下糖蜜槽，增加了「糖屋」及以「臺灣寶藏」為主題的遊戲闖關尋寶空間，並將原糖廠的辦公室規劃為「車路墘故事館」，讓整個園區不只有人文知性，還有很高的休閒娛樂價值。

糖廠周邊小旅行

自奇美博物館開放以來，很適合與糖廠規劃為一整日的遊程。建議一早可先進入十鼓仁糖文創園區，在導覽人員的帶領解說下，可對早期製糖工業有一認識；十點半，別忘了欣賞鼓樂定目劇的表演。午餐之後，即可前往奇美博物館參觀，待經過一身藝術人文的洗禮後，戶外不再豔陽高照，最適合在都會公園悠哉散步。

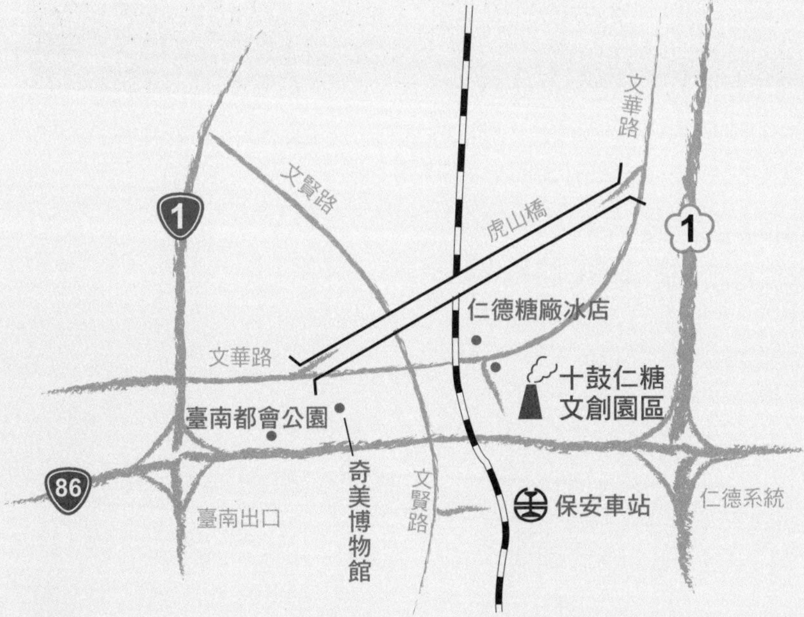

一日遊

十鼓仁糖文創園區→午餐（園區內有多家餐廳可供選擇）→仁德糖廠冰店吃冰→奇美博物館、臺南都會公園→保安車站→賦歸

臺南都會公園、奇美博物館｜從 86 東西向快速道路往西，近臺南交流道，即可見糖廠的煙囪以及綠意盎然的臺南都會公園，一幢西洋古典的白色建物——奇美博物館便矗立在公園的東南側，此處自 2015 年 1 月 1 日博物館啟用以來，已成為臺南熱門的觀光景點，預約參觀人潮不斷。奇美博物館以典藏西洋藝術品為主，除了精采多元的展品，博物館戶外的景觀也很有看頭，入口意象廣場、雕塑噴泉、跨湖景觀拱橋、戶外活動劇場及戶外休閒設施等，讓都會公園成為一處自然與人文藝術兼具的園區。

奇美博物館
地　　址｜臺南市仁德區文華路二段 66 號
開放時間｜10:00-17:00（週一及除夕、初一休館）
門　　票｜全票 200 元、優惠票 150 元，臺南市民（持身分證）免費
* 不論個人或團體、付費與否，請於參觀前完成網路預約申請，參觀當日以預約代號在現場購票或取票。

保安車站｜為一百多年的木造火車站，前身為「車路墘驛」，原址於南方1.5公里處，後因配合「車路墘製糖所」運糖所需而遷到現址。車站為一中日合璧式的造型，採用阿里山質佳的檜木建造，雖年代久遠，但仍保持優雅的舊貌。此外，永康至保安的車票站名，因有「永保安康」的意涵，常有遊客特地來此購票以茲紀念。

仁德糖廠冰店｜是一幢傳統的日式建築，裡頭有多樣化的冰品可供選擇，如鹹餅夾心冰淇淋、紅豆牛奶冰淇淋、酵母冰淇淋、桂圓冰棒、紅豆冰棒等， 除此之外，還有純手工義大利式脆皮甜筒冰淇淋，皆相當受到喜愛。

新營鐵道文化園區

鐵道迷的朝聖地

地　址｜臺南市新營區中興路42號

電　話｜(06)6324570

開放時間｜9:00～17:00(全年無休)

門　票｜入園免費

五分車票｜全票一〇〇元、國中學生票八〇元、兒童及優待票五〇元(來回票)

搭乘時間｜週一至週五接受團體預約發車。週六、週日及國定假日9:00～16:00，每小時一班車。

網　址｜http://www.taisugar.com.tw/chinese/CP.aspx?s=361&n=10469

1. 站在新營糖廠的天橋，可俯瞰整個鐵道園區。
2. 日治時期的「新營製糖所」老照片。

新營在日治初期還只是月津港（鹽水）附近的一個小村莊，但因縱貫鐵路的興建，從此扭轉了新營的命脈，很多貨物都是透過縱貫鐵路，從新營運輸到各地去；臺南、嘉義一帶所產的糖、鹽也是如此，讓新營成了重要的轉運樞紐。因此，鹽水港製糖株式會社相中新營的地理位置，將本社設在新營製糖所，並且於明治四十二年（一九〇九）開辦「新營—鹽水港」的營業線——全臺第一條客運糖業鐵道，凸顯新營在糖鐵史上的重要性，留下許多珍貴的鐵道文化資產。

新營總廠火車站天橋，在各糖廠中並不多見，新營糖廠是唯一被保存下來的；而站區裡多條的三軌線，也是臺灣現今極少數大量保存1067mm/762mm三線鐵道的廠區之一。此外，新營還擁有臺灣最多條鐵軌的平交道（一共十六條），地面上的三軌線，可同時行駛五分車及七分車，見證糖鐵與臺鐵聯運的時代，包括新營及鄰近鹽水、學甲、白河、後壁、柳營、下營、大內、官田、六甲、東山各區，以及嘉義布袋、義竹等鄉鎮，載運回來的甘蔗，就停放在鐵軌上等候壓榨；從塔臺調度室可

1. 園區內的日式宿舍建築群。
2. 新營五分車由新營駛向柳營，沿途可飽覽都市與農村風光。

居高臨下，廣播指揮列車。

這些鐵道特色，都讓新營糖廠成為五分車迷喜愛的朝聖地，如今已規劃為鐵道文化園區加以保存及展示，園區內可見各式機車車頭，如蒸汽火車、德馬牌、日立牌、順風牌內燃機車，還有巡道車、砸道車、蔗箱車等各式臺車；中興車站的鐵道文物館內則展示著許多鐵道文物及老照片，如磁石式的手搖電話機、閉塞器等。

想搭五分車，實際體驗糖鐵老滋味，這裡也有提供這項服務——由都市駛向農村（新營到柳營），一路上不僅有臺糖解說員為旅客解說地方產業及文化，車上也會播放在地作曲家吳晉淮老師創作的臺語老歌，可說是一趟懷舊之旅。

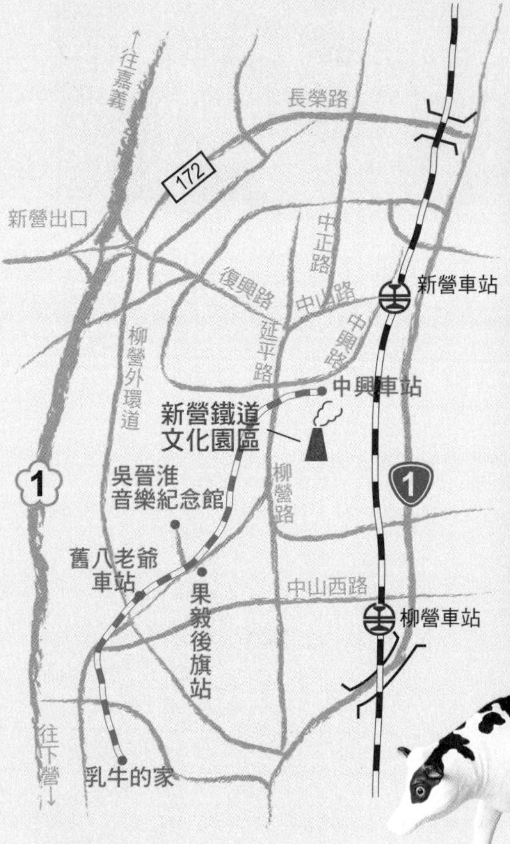

糖廠周邊小旅行

新營五分車可說是全臺最長的一條五分車路線，全長約四點六公里。起點從中興車站出發，越過市區平交道，沿途經急水溪、果毅後旗站、吳晉淮老家、舊八老爺站，一路來到柳營區八翁酪農區的「乳牛的家」，全程約三十分鐘，在終點站停留三十分鐘後，可以選擇搭原車折返；或是搭下一班列車回到新營。

一日遊

新營鐵道文化園區→中興車站搭乘五分車→參觀乳牛的家，餵養小動物→午餐→搭乘五分車返回→新營糖廠吃冰→賦歸

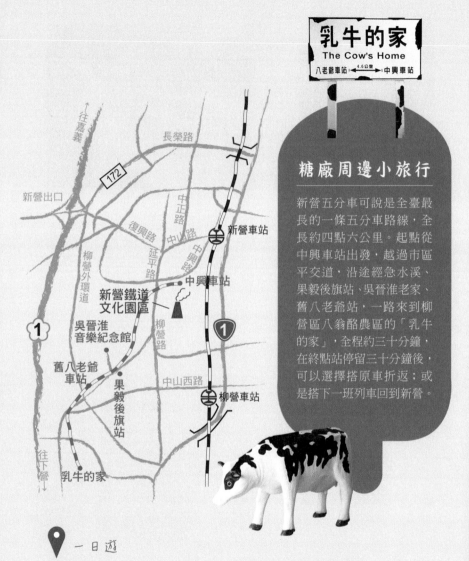

中興車站｜車站因地處中興路而得名，原為秤量所及檢驗室，2003 年改為五分車車站。站內除了可購買五分車車票外，也有冰品的販售，由於新營糖廠臨近柳營酪農區，因此使用新鮮牛乳所製成的牛奶冰淇淋，比坊間多了一份濃醇的奶香味；一旁的鐵道文物館也展示許多文物及老照片，讓人睹物思情。

吳晉淮音樂紀念館｜吳晉淮是臺灣歌謠重要的作曲家之一，膾炙人口的作品有《關仔嶺之戀》、《恰想也是你一人》、《講什麼山盟海誓》等歌曲，為了紀念他對臺灣本土歌謠的貢獻，當五分車行經其位於柳營火燒店的故居時，可在路旁看到《關仔嶺之戀》的五線譜雕塑；其故居經修復後，也以「音樂紀念館」展示樂譜手稿、吉他及相關文物，供後人追思。

地　　址｜臺南市柳營區界和路 158 號（火燒店 6 號）
開放時間｜10:00-17:00（週一、二休館）
門　　票｜免費

乳牛的家｜酪農業是柳營區最特殊的產業，是國內相當重要的鮮乳產地，因此在五分車終點站「乳牛的家」可見站牌、電線桿漆成黑白相間的顏色。在這裡可餵食小動物，也可以自己動手擠牛奶，更別忘了品嚐一下鮮乳特製的饅頭、冰棒、冰淇淋、牛奶糖、布丁等。另一側的鐵路餐廳，可讓遊客坐在列車中用餐，一邊享用鮮奶火鍋或鐵路便當，一邊欣賞在地作曲家吳晉淮的生平照片。

地址｜臺南市柳營區八翁里 93 之 138 號
電話｜ 06-6225199

重溫五分車的滋味

烏樹林休閒文化園區

地　址｜臺南市後壁區烏樹里184號

電　話｜(06)6852681

開放時間｜9:00～17:00；假日8:30～18:00

門　票｜入園免費

五分車票｜全票一〇〇元、兒童及優惠票五〇元（來回票）

搭乘時間｜週一至週五10:00、14:30二班；週六、週日9:30～16:30每小時一班（12:30停駛）。

網　址｜http://www.wslin.com.tw/index.asp

1/2

1. 五分車戶外展示區。
2. 日治時期的「烏樹林製糖所」老照片。

有別新營五分車從喧囂市區出發抵達柳營鄉村，位於後壁區的烏樹林休閒文化園區則是環繞在一大片樹林中，氛圍格外悠閒。

烏樹林糖廠在一九一〇年由東洋製糖株式會社所設立，但鐵道的經營卻是直到一九四四年六月才開辦前往東山的營業線，加入鐵道營運的行列；目前的木造火車站則是一九四六年才興建完工，是當時白河、東山兩地居民往來新營的主要轉運據點，風光一時，惟後來不敵公路運輸（於一九七九年九月行駛），四年後烏樹林糖廠關閉，車站也跟著結束營業。

烏樹林五分車在停駛了二十二年後，於二〇〇一年十二月二十九日藉著舉辦「勝利號」五分車懷舊之旅，重新復出——這一回雖同樣是載客，卻不是作為生活上的交通工具，而是轉型為觀光火車，將原先運載甘蔗的車體改裝成可讓遊客搭乘的田園列車，自烏樹林至新頂埤站，長約二點六公里；末代站長林海西也以榮譽站長之姿，繼續為大家服務。老車站、老站長以及站場上的各式老火車，讓烏樹林車站充滿著濃厚的懷舊氛圍，成為園區的一大特色，因而吸引許多鄉土電視劇來此拍攝取景。

藍色車體的「勝利號」，是臺糖在一九四五年自日本引進的動力軌道車，在一九五〇年至一九七九年擔任客運業務，是臺糖僅有的國寶級軌道車，與三七〇號蒸汽機車及木造火車站，並稱「烏樹林糖廠三寶」。此外，這裡還有臺糖最稀少的金馬號機車，是臺糖為了加強原石列車的輸送能力，一九六〇年自美國購入，總共才四輛，全都在烏樹林；在一九四〇年興建的道班房裡，則可以看到各種古早時代的維修鐵道工具，有如一處工具博物館，很多都已絕跡，讓道班房更顯得彌足珍貴。

1. 園區內的臺灣糖業鐵道文化博物館。
2. 烏樹林五分車之旅來回約四十五分鐘，沿途所經的蔗田多已改種其他林木，圖為終點站一景。

糖廠周邊小旅行

後壁區有「臺灣大穀倉」之稱，早上來到綠意盎然的烏樹林休閒文化園區搭乘五分車，下午不妨到菁寮老街走走，品嚐冠軍米的滋味、瞧瞧《無米樂》紀錄片中老農民樂天知命的生活場景。然後再回到後壁車站，採買米麩鳳梨酥、冰糖醬鴨當伴手禮，滿載而歸。

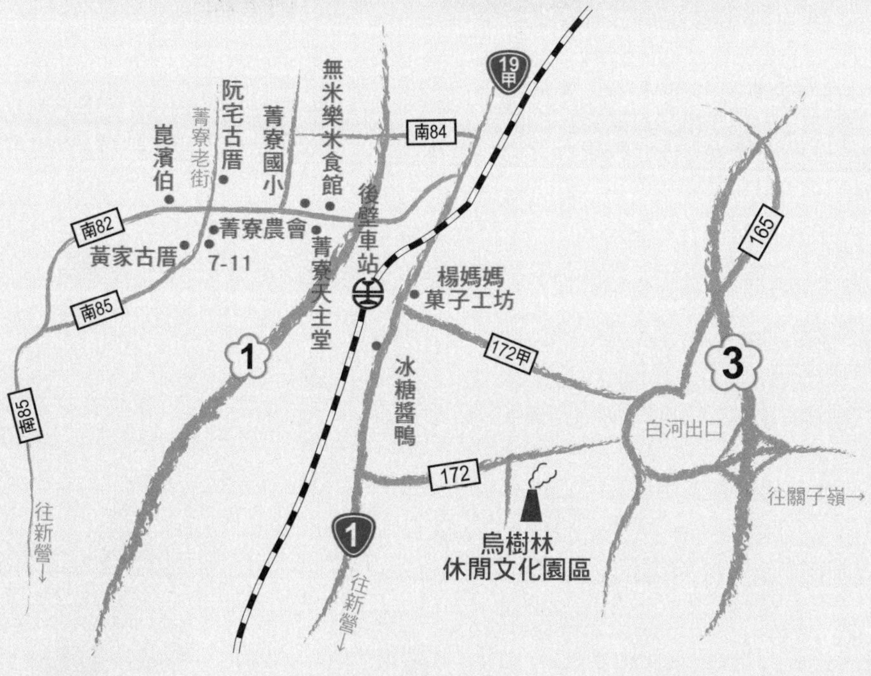

一日遊　烏樹林休閒文化園區→午餐（無米樂米食館享用米食）→菁寮國小→菁寮老街→後壁車站→楊媽媽菓子工坊、冰糖醬鴨買伴手禮→賦歸

後壁車站｜後壁車站是臺南最北端的車站，也是現存臺灣日式木造火車站之一，創建於 1902 年，1941 年因地震傾斜而改建為現有樣式。屬於三級車站，只有搭乘電聯車或平快車才會停靠，得以親臨這個美麗小站。

菁寮老街｜菁寮地區曾是八掌溪沿岸最繁華的聚落之一，商店林立，北勢街現存一整排古老街屋即為歷史見證。2005 年《無米樂》紀錄片，使沉寂已久的老街，再度注入活水；主角崑濱伯的家，成了遊客來尋寶的所在。其中以「金德興藥局」（阮家古厝）歷史最悠久，已有兩百多年歷史；黃家古厝建於 1928 年，為一幢中西合璧的建築，寫有黃氏堂號「紫雲荔園衍派」。

菁寮天主教堂｜以特殊的金字塔造型最為人津津樂道，此為榮獲普立茲建築獎 Gottfriend Bohm 所設計，據說靈感來自稻草堆與草寮。

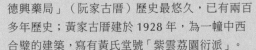

菁寮國小｜成立於 1911 年，目前仍保有歷史悠久的木造禮堂（中正堂）與日式舊辦公室（校史館）；操場旁一大片桃花心木林，四季均有不同風情。

冰糖醬鴨｜已有二十年歷史的冰糖醬鴨，製作過程繁雜又費工，得靠著人工不斷的鑵、攪，將特製滷汁反覆淋到鴨子表面上，才能將鴨肉表皮滷得亮澄澄的並深入肌理，是後壁遠近馳名的地方美食。

地址｜臺南市後壁區 42-18 號
電話｜ 06-6872078

楊媽媽菓子工坊｜為後壁一家美食小鋪，以後壁米和金黃鳳梨為原料製成的「米麩金鑽鳳梨酥」，不僅在 2008 年榮獲臺南縣十大伴手禮糕餅類第一名，2013 年也得到臺灣百大伴手禮獎殊榮，更是總統府指定優質伴手禮。種種的肯定，讓楊媽媽菓子工坊成為地方亮點，引領遊客造訪後壁的純樸鄉野。

地址｜臺南市後壁區 99 號
電話｜ 06-6871101

活的糖業博物館
善化糖廠

地　址－臺南市善化區溪美里310號

電　話－（06）5819731轉356

開放時間－文物館9：30～16：00（週一、週六休館）

門　票－入園免費

解說服務－糖廠開工期開放團體預約參觀製糖工場，請於一週前申請。其他時間僅開放文物館周邊一帶。

網　址－http://www.taisugar.com.tw/Sugar/CP.aspx?s=132&n=1023

1. 日治時期的「灣裡製糖所」老照片。
2. 開工期間的善化糖廠，隨處都聞得到甜甜的香氣。

關於善化糖廠的前世，一共有兩階段，最初是臺資經營的「臺南製糖株式會社」，由臺南糖商王雪農在一九〇四年所創辦；一九〇九年被併購後，成了日資臺灣製糖株式會社「灣裡製糖所」，因善化舊稱「灣裡」，易與另一個位在臺南市南區的灣裡混淆，遂於一九六一年七月更名為善化糖廠，是目前全臺僅存兩間仍在壓榨甘蔗的糖廠之一。

舊時善糖風景宜人，有虹橋倒影、勵亭聞鐘、柳蔭垂釣、潭浦春曉、塔水鳴琴、平臺觀魚、雙潭濯月、廣場晨操等「善糖八景」佳話，是臺糖員工及附近民眾的美好記憶，如今物換星移，當年的「八景」早已變了容顏，但走在善糖偌大的庭園空間，猶存的老屋、老樹，還有一對日本神社狛犬，仍可讓人感受到早年環境的優美。

如今，這裡除了有備受大家喜愛的冰品販售之外，更值得大家造訪的是利用舊有員工餐廳改建的「善糖文物館」，館藏重點涵蓋日治時期臺南四大製糖會社所轄的各糖廠及鐵道的歷史文物及史料，件件珍貴。另一處同樣作為文物展示空間的日式木造老屋，原是警政署保二總隊善化糖廠保警隊的隊部辦公室，臺糖花了三年時間進行整修，二〇一二年完工，所使用的檜木皆是當年從麻豆、佳里糖廠拆除時所保留下來的，讓消失的糖廠在這裡有了新生命；二〇一五年二月初還將部分空間改裝為「糖廊咖啡」，讓前來善糖的民眾，可以輕鬆地一邊喝咖啡、一邊自在地欣賞文物。

1947 年岸內糖廠的真空罐室圓形木牌，為善糖文物館收藏品之一。

1. 利用舊有員工餐廳改建的「善糖文物館」展示有珍貴的糖廠及鐵道文物。
2. 靜待 12 月製糖期的臺車。

糖廠周邊小旅行

善化，荷蘭時期為西拉雅族四大社之一的「目加溜灣社」，自古農業發達；日治時期又因糖廠與鐵道的設置，是一個曾經繁榮過的農村，糖廠、牛墟和棒球堪稱為善化的三寶。參觀完善化糖廠後，別遺忘了角落迷你可愛的善糖國小，然後再驅車前往市區的中山老街，看看往日的風華，並且品嚐溫體牛肉的新鮮滋味！

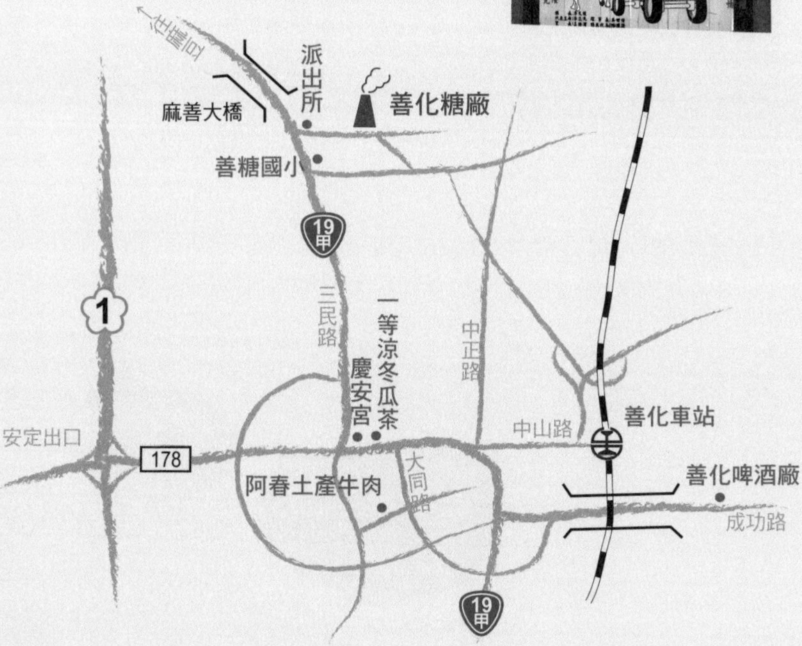

一日遊

善化糖廠→善糖國小→中山路老街→午餐（享用牛肉大餐）→慶安宮、一等涼冬瓜茶→善化啤酒廠→賦歸

善糖國小｜位於糖廠一側的善糖國小，相當迷你可愛，此為 1947 年臺糖公司利用被炸毀的員工宿舍改建為校舍，作為糖廠員工子弟就讀的學校。走入善糖，令人驚豔一所鄉間小學卻擁有豐富的文化氣息，從西洋建築的門柱，到中國傳統馬背的建築，在在都充滿著藝術與人文。

阿春土產牛肉｜善化是臺灣四大牛墟（北港、鹽水、彰化、善化）之一，每月逢二、五、八日期時，為牛墟交易日。因此，來到善化記得要品嚐一下最新鮮的牛滋味，不論是牛肉湯、炒牛肉或滷味拼盤，各點上一盤大快朵頤一番。

地址｜臺南市善化區永福路 126 號

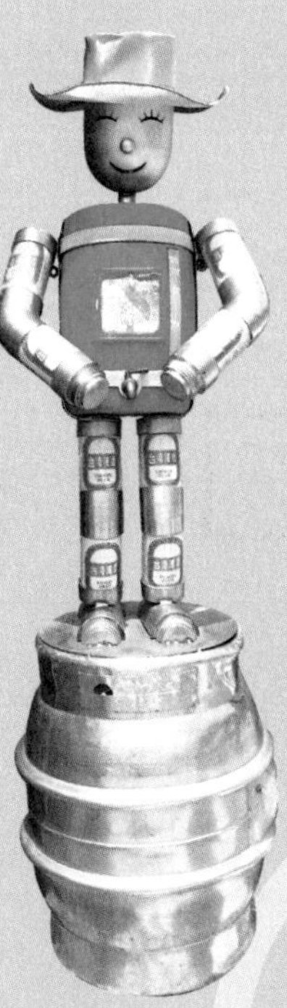

慶安宮｜創建於 1698 年的慶安宮，前身為文昌祠，1862 年嘉南大地震震垮後，而改取臺南大天后宮的香火，主祀媽祖，雕刻、剪黏及藻井都是出自「唐山師傅」之手，壁畫更是名師潘春源的作品，猶如一座藝術宮殿。牌樓前仍留有荷蘭古井遺跡，可作為荷蘭治臺的見證，現則改以自動感應供水設備來抽取井水。

一等涼冬瓜茶｜位於慶安宮廟口旁，迄今已有一甲子歲月，強調純以手工製作，花上八小時熬煮精煉，才能有好喝的冬瓜茶，是炎炎夏日的絕佳飲品；除了純冬瓜茶外，還有加上檸檬口味的冬瓜茶。

善化啤酒廠｜位於成功路上的臺灣啤酒廠設有文化館，以展示啤酒的製程、設備的演進、原材料等，讓人對啤酒的文化能有更深一層的了解。除此之外，這裡也有花園、餐廳及販賣部，但更讓人駐足的是——以啤酒罐做成的尿尿小童，唯獨流出來的不是啤酒而已。

地址｜臺南市善化區成功路 2 號

附錄一 認識糖鐵

臺灣的製糖歷史，直到日治時期引進現代化的機械製糖工場，才改寫了明末以降的傳統糖廍的生產方式，掀起臺灣新式製糖的工業革命，並且為了運輸原料及產品，開始有輕便鐵道的興建。

最早的糖業鐵道，是一種可拆卸的輕便道，鐵軌就鋪設在蔗園內，可隨著採收的需要，將一段段的鐵軌拆卸組裝，採收下來的甘蔗就放在臺車上，由牛隻拉著走。真正的第一條糖鐵輕便道，要屬一九〇七年二月由臺灣製糖株式會社在高雄橋仔頭第一工場興建的原料線，同年十一月完工啟用，可供蒸汽火車行駛，開啟臺灣五分車的歷史；至於營業線，則是鹽水港製糖株式會社在一九〇九年五月二十日開辦的「新營—鹽水」火車運輸，全長約八點四公里，寫下臺灣糖業史上第一條客貨運服務的歷史紀錄。

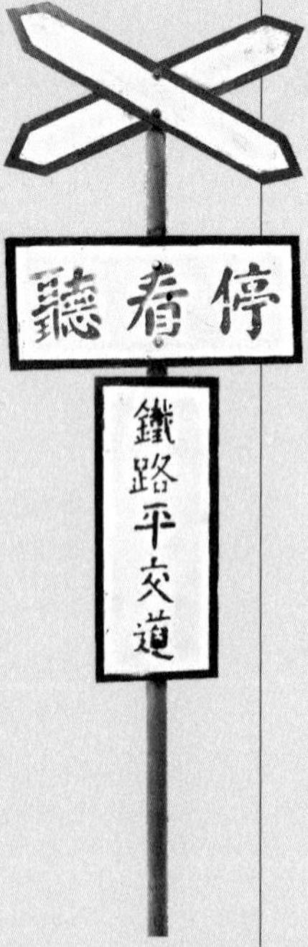

此後各製糖會社紛紛跟進，臺灣的糖業鐵道便如雨後春筍般展開，至一九四二年主要的經營者包括「大日本」、「臺灣」、「明治」、「鹽水港」等四大製糖株式會社，彼此以各自的製糖工場為中心，向外輻射延伸與農場及原料區連接，因此鐵道路線雖多，卻無系統性。戰後始由臺糖公司接收所有的糖業鐵道，統一管理並標準化。統計戰後初期臺灣的糖業鐵道，總長度逼近三千公里，其中原料線有二千三百三十七點五公里，營業線包含機車線五百二十七點九公里、臺車營業線九十九點二公里在內，共六百二十七點一公里。

南北線——臺鐵縱貫線的輔助線

一九五〇年為配合國防戰備的需要，臺糖奉命修築南北平行預備線（簡稱南北線），以糖鐵道網內的重要幹線加以延伸及連接十個糖廠的線路而成，成為臺鐵縱貫線的輔助線。一九五三年四月全面通車，北起臺中、南至高雄，延伸線可達屏東，橫跨當時遠東第一大橋——西螺大橋，全長二百七十五公里，除了運送甘蔗原料及產品外，也作為客運之用，是農村地區最重要的對外交通工具。一九五三、一九五四年時，客運營業線已擴充到多達四十一條，總長度六百七十五公里，每日定期班次就有六百餘次，全年客運人數由一千萬人，每年遞增；到了一九五七、一九五八年的全盛時期，每日搭乘人數可達六萬人次，全年達二千三百萬人，並發展與臺鐵聯運旅客業務，創造出臺灣獨特的五分車客運文化。

藍色車體的「勝利號」，是臺糖自日本引進的動力軌道車，在 1950-1979 年擔任運載人的客運業務。

這當中，以「北港—嘉義」線運量最為驚人，因為該路線有朝天宮及奉天宮兩座知名的媽祖廟，成了香客前往進香最受歡迎的交通工具，一整年絡繹不絕。此外，北港、新港及沿線村落民眾也常利用此線到嘉義市上班、上學、經商、就醫或轉搭臺鐵，每天光是通勤的中學生即多達數百人，常出現站務員及車長幫忙將學生推進車廂內的現象；另一件有趣的事是，糖鐵在一九五五年時還曾有過「反共抗俄宣傳列車」，以「宣揚反共抗俄政策、加強克難增產運動」，當年五月五日自臺中出發，沿糖鐵路線展開宣傳工作，為期一個月。

臺糖火車的這般榮景，在公路運輸發達之後，客運功能逐漸被公路取代，營業量逐漸下滑，營業線跟著縮減，一九八二年八月十七日停辦嘉義至北港的鐵道客運業後，糖鐵五分車的客運歷史也跟著劃上了句點。至於載運甘蔗，目前在全臺兩座壓榨甘蔗製糖的糖廠中，僅雲林虎尾糖廠還保留以五分車來載運；臺南善化糖廠的製糖原料早已改由卡車運輸，僅在製糖期間，才由五分車載運包裝好的成品糖，自工廠砂糖包裝場調到倉庫而已。

搭乘五分車，成為假日遊新營的熱門活動。

玉左線——糖鐵的森林鐵道

臺南地區在戰後共有新營、烏樹林、岸內、麻豆、佳里、善化、玉井、永康、仁德等九間糖廠，各糖廠鐵道的經營方式不一，有兼營原料專用線及營業線，並與「南北線」接軌的；也有只作為原料專用線的。綿密的鐵道系統一攤開，猶如蜘蛛網，深入臺南的鄉間角落，其中玉井到左鎮的「玉左線」，堪稱是全國臺糖鐵道系統中，開發最艱鉅、風景也最秀麗的一條，因為所經之處都是山林，被喻為是糖鐵的「森林鐵道」。

「玉左線」在日治時期原只是以人力為動力的臺車線，光復後為改善運輸條件，加上人力押送臺車的運輸成本高、運量有限，而有修築鐵路的構想——自玉井跨過九層林，翻越山脈抵達左鎮，與灣裡（善化）糖廠的「左鎮線」接軌，讓火車得以運轉於善化及玉井之間，以降低生產成本。整個修築計畫在一九五二年八月動工、一九五三年一月十一日正式通車，全程約十點五公里，所經區域幾乎完全是山地，其中百分之三十九是彎道，還有橋梁、涵洞等設施，光是橋梁總長度就有五百八十公尺；最長的是一百六十八公尺的玉井大橋，河底最深可達十二公尺，可見工程的險峻。

由蔗箱車改裝而成的小火車。

目前在臺南地區猶可見五分車行駛的身影，是糖鐵為發展休閒事業而轉型的觀光火車，於烏樹林休閒文化園區及新營鐵道文化園區兩處，提供民眾假日休閒、體驗搭乘五分車趣味的好去處。

附錄二 糖鐵老骨董

隨著時代的更迭，臺灣糖業鐵道系統從蒸汽機車到內燃機車，以及各種聯結的臺車，就算只是一個閉塞器或號誌燈，在糖鐵運蔗身影早已走遠而模糊的現在，讓僅存的糖鐵舊文物，顯得彌足而珍貴，構成臺灣文化資產項目中極為特殊的一環。

目前在臺南地區，烏樹林糖廠及新營糖廠都設有鐵道文物館；善化糖廠文物館也有部分收藏，都是對糖鐵文化資產有興趣的民眾，值得造訪之處。

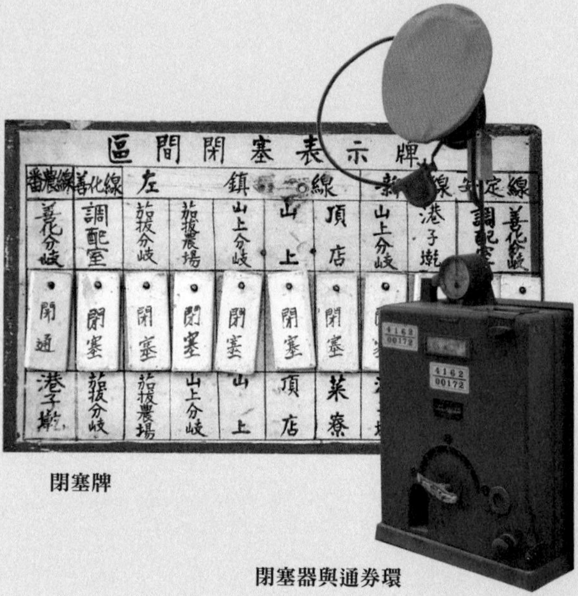

閉塞牌

閉塞器與通券環

閉塞器

用來控制列車通過，避免兩列車在單向鐵道中發生衝突，以確保行車安全。每一組閉塞器有兩臺及專用式樣之路牌一組（共二十四個），分別裝設在鄰接兩站，列車要出發時，必須攜帶此器中所取出的路牌交付司機後，方可准許列車駛入該閉塞區間。舉例來說，假如有列車要從A站到B站，A站會先以電話告知B站，B站若准許列車進站，會將閉塞器轉半開，A站方能解鎖電流轉為全開，取出路牌，裝入路牌套，交付司機到B站；萬一列車出發了卻中途「卡」車，不能動彈，這時列車長就得立即撥電話到調配室做防護措施，通知A站及B站，禁止再有列車通過，由調配室派人維修後方能通車。

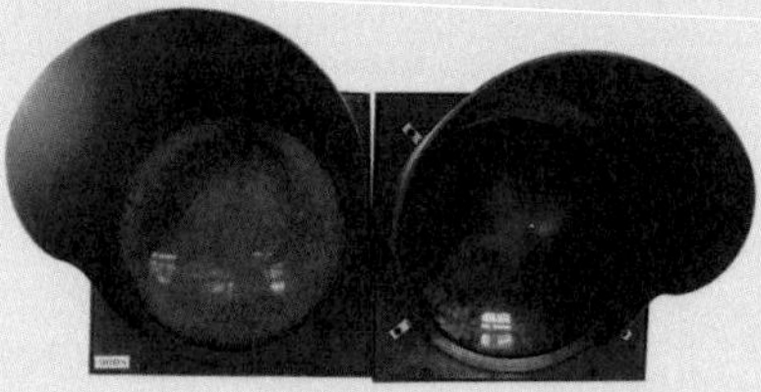

固定號誌燈

手提號誌燈

轉轍器號誌燈

閉塞方式可分為電氣路牌式、密碼通信式、指令式、響導隔時法、傳令法等五種閉塞方式。

轉轍器號誌燈

糖鐵的號誌燈有多種，各有不同警示作用。如轉轍器號誌燈在夜間定位時，前後面同為紫色燈，反位時則前後面同為橙黃色燈。

固定號誌燈、手提號誌燈

固定號誌燈是對將進站的列車顯示的號誌，指示允准進入與否——紅色燈表示險阻號誌，綠燈代表平安號誌。至於列車通過平交道時，看柵工在夜間須以白色手提號誌燈搖動，若是機車在夜間推進運轉、調車或調車道時，則須向司機以紅、綠燈顯示號誌。

車尾燈

是列車行駛時使用，在最後車輛兩側上部各掛白色（前）、紅色（前）的邊燈各一個，列車的最後端也會掛上一個紅色車尾燈。

手搖電話機

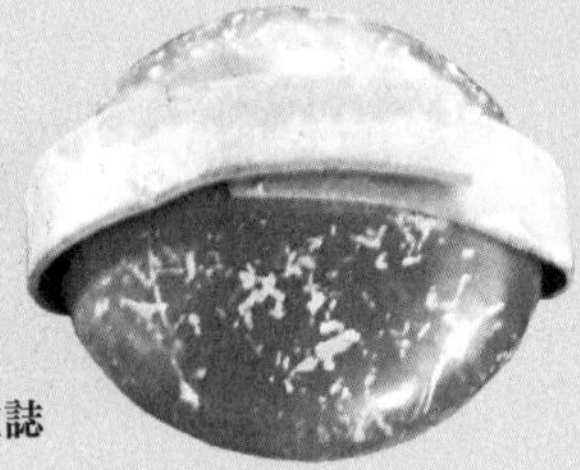
響墩號誌

磁石式攜帶試驗電話機

響墩號誌

響墩為半圓形鐵筒狀，屬列車火防護裝置，內藏火藥，底部裝有鋅鉛片，以利扣住鐵道使用。用於列車行駛中，因氣候關係導致能見度差，不能辨識行車號誌；或鐵道發生重大意外事故無法立即通知後方列車，就會將響墩置於較遠的鐵軌上，約二百公尺安置兩具以上、每具間隔十五公尺，等列車輾過發出巨大的爆炸聲響，以提醒司機緊急停車，以免造成二次事故。

磁石式攜帶試驗電話機

因任務的不同，糖鐵站務人員所使用的電話機亦有區分，例如「磁石式攜帶試驗電話機」，是列車行駛於郊外時，可藉由鐵道沿線的電話線路接線，並與調度室或旗站聯絡有關行車事宜，以確保行車安全。

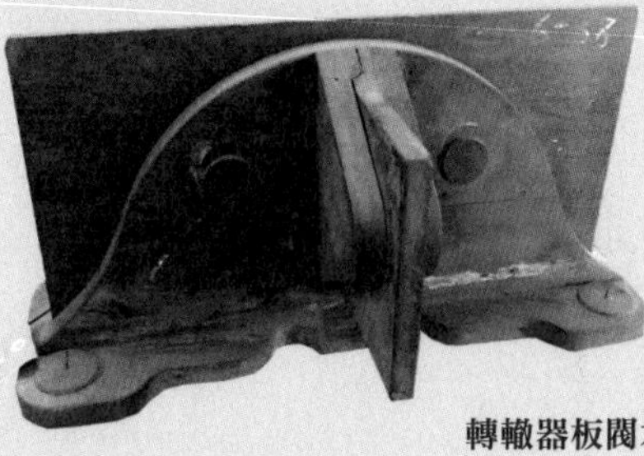

轉轍器板閥木模

道釘

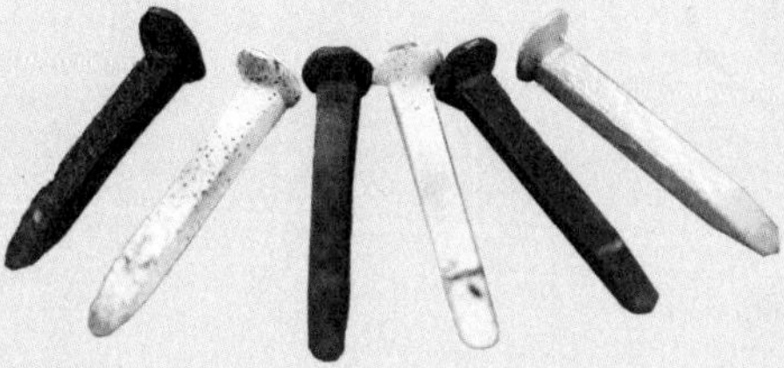

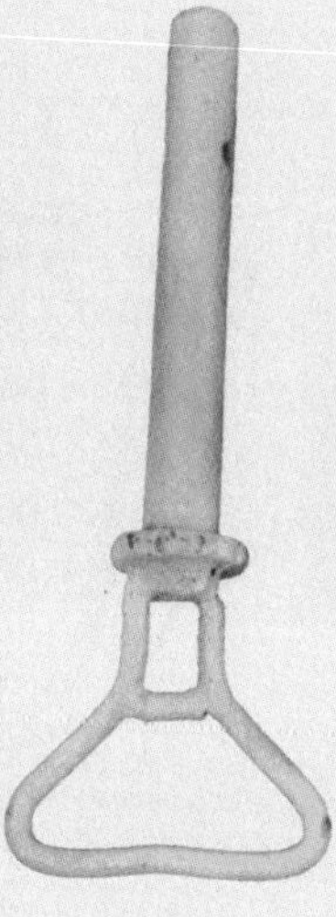

聯結器銷

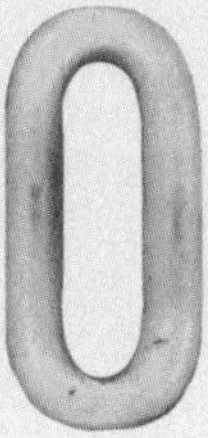

聯結器環

手搖電話機

是糖鐵車站與車站之間通訊用的電話，用來辦理列車區間行車閉塞，為行車專用電話，以手搖長短，作為各車站的信號，例如廠前站— ——，新營站— — ——。

轉轍器板閥木模

中島型分道叉，是糖鐵的標準型產品，適用各廠，用於鐵道終路中島型分道變換火車行駛路線用。

道釘

道釘，是將鐵軌固定在枕木上不可或缺的零件，在糖廠全盛時期，需求量很大，因此是由新營修配廠自行鑄造生產。

聯結器環、聯結器銷

「聯結器環」與「聯結器銷」是將臺車一臺與一臺聯結，或與火車頭聯結起來的工具。

附錄三 善糖文物

擁有百年歷史的善化糖廠，見證臺灣糖業一世紀的發展。為呈現製糖工業豐富的文化資產，臺糖在二〇〇七年底成立「善化糖廠文物館」，積極地蒐集、整理文獻史料、老照片、木製模具以及計算機、警報器、便當盒等早期的製糖、鐵道、辦公及生活物品，裡頭的寶貝不少，約計二千五百多件，走入館內，也彷彿進入了時空隧道，透過老文物認識臺糖的前世今生。

甘蔗產量及步留優勝銀盾

此獎盃為昭和三年（一九二八）所頒發，為善糖文物館的「鎮館之寶」。當時製糖會社為推廣優良甘蔗栽培，會結合地方有力人士，運用獎勵的方式來達到推廣目的，此獎座為灣裡製糖所頒發，共記載三十四至四十四期共十一名優秀種蔗者姓名，其中不乏地方的領導階級，例如：三十四期新化郡安定庄胡萬得殿，即擔任保正（村長）、信用組合理事、灣裡製糖原料委員；四十三期的新化郡胡厝寮弘岡靖章殿即為胡龍寶，光復後曾任臺南縣第三、四任縣長。

壁式電話機

現代人幾乎人手一支手機，各有一個專屬的電話號碼，人到那、接到那，萬一沒接上，還可發簡訊、留語音，通訊的便利性，較上個世紀早已不可同日而語，是以前的人無法想像的。善糖文物館內陳設的古早電話有多具，其中一八九六年東京電氣所製造的壁式電話機，供廠區各部門聯絡事情之用，是善糖最老的骨董級電話機。

鑄造工場木模

館藏的數百件木模具，均來自新營修配廠的鑄造工場；所謂「鑄造」，一般又俗稱為「開模仔」，是鑄造機械零件之前重要的製作步驟，也是機械零件的「原型」，把欲鑄造的機械零件先依機械圖做成木模尺寸，再以一：一比例型塑砂模，然後將加熱至一千多度呈液體狀的金屬熔液（鐵、銅等），澆注入砂模，取得所需的機械鑄件，此即為「鑄造」（翻砂）。

新營修配廠在日治時期原是「鹽水港製糖株式會社新營中央修理工場」，戰後由臺糖公司接收，幾乎早期糖廠所需的各項機械，全都由新營修配廠承辦；業務範圍涵蓋臺糖事業體系的製糖、鐵道及農畜產，可見其重要性，風光時期，員工多達數百人。傳承自日治時期老師傅的技藝所製作的木模具，堪稱是製糖工業中極為特殊的文物，見證臺

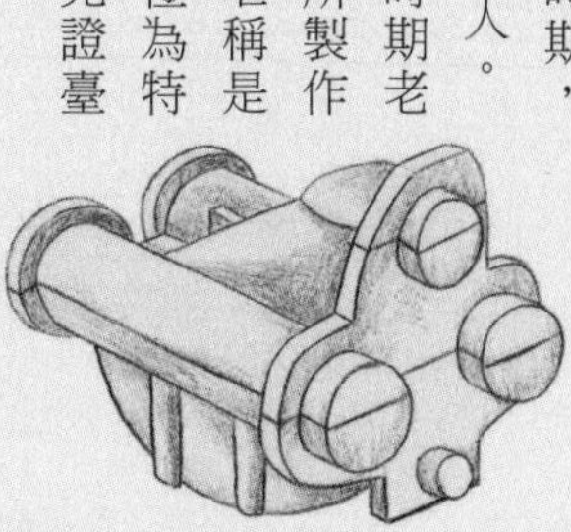

灣糖業自舊式糖廍邁向現代化工業製糖的產業變遷。新營修配廠於二〇〇二年走入歷史，這些老模具的保存愈發彌足珍貴，目前善糖文物館館藏的木模具數量約占全部館藏的四分之一，是該館的一大特色。

這些木模，有的造型像蝸牛，如鼓風機木模；有的像獨角仙，如方型施肥桶木模；馬達葉輪木模優美的弧線，則像是一朵朵美麗的花。走一趟善糖文物館，即使不懂機械，但看著各式各樣的手作木模具，還是可以感受到老技藝蘊藏的智慧。

臺灣糖業接管委員會烏樹林製糖所接收清冊

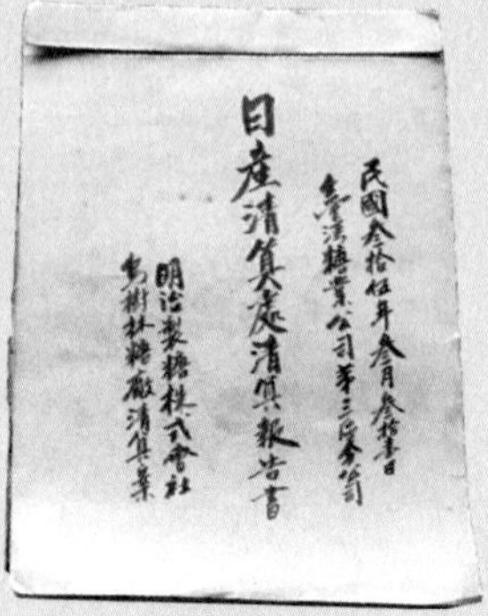

文件史料是研究糖業文化不可或缺的第一手資料，在善糖文物館館藏的史料中，「臺灣糖業接管委員會烏樹林製糖所接收清冊」係一九四六年四月初臺灣糖業接管委員會結束監理工作後，開始接收日資各製糖會社及其製糖所，登錄的明治製糖株式會社烏樹林製糖所的財產明細，包含資產、設備、重要契約證券清單、債權及債務清查情形、員工名冊等共四百四十頁，內容包括日治時代該廠農務、工務、鐵道等各部門的建築物、機器設備、鐵道線路相關配置、起造年代等，均有詳實的記載。

蔗農糖寄存棧單

製糖的甘蔗來源，除了糖廠的自營農場外，另有與蔗農簽訂契約種植的契作農場，在甘蔗做成砂糖後，依步留（產糖率）比例，發給蔗農應得的砂糖數量，並可免費寄存在糖廠倉庫中，由糖廠發給蔗農寄存證明，即為「蔗農糖寄存棧單」。當蔗農有用糖需求

臺灣糖業股份有限公司麻豆總廠（麻豆部份）
民國 年期蔗農糖
今收到何昚生君寄存本廠
二號砂白糖伍包計重伍佰公斤
中華民國伍肆年肆月貳日填發
臺灣糖業股份有限公司蔗農糖寄存規則
未稅品
C 004194
年期蔗農糖寄存棧單存根
A 017758
164mm×75mm

時，可持寄棧單至糖廠領糖使用，也可直接將棧單轉讓或出售予他人。

國民勞務手帳

二戰期間，臺灣曾規劃為日本的「南進基地」，在戰時總動員法下，臺灣的工業、農業、礦業等部門需擴充軍需工業的生產，為達成目標，臺灣總督府在資金、物資、勞力皆實施統制政策，凡十六歲以上五十歲以下曾學習特定技術者，均須向地方官廳登記，並制定手冊統籌管理。

機械式手搖計算機

55＋32＋28等於多少？現代人只要拿起電子計算機按一按，不費吹灰之力，馬上就可以知道答案，但在以前的手搖計算機時代，可就沒這麼簡單了。首先得把數字拉在55手搖正轉一圈（正轉是＋）在手邊會跳1的數目，右手邊會顯示55；再來數字拉32，手搖正轉一圈，左手邊會跳2的數目，右手邊會顯示87；再來數字拉28，手搖正轉一圈，左手邊會跳3的數目，右手邊會顯示115。目前善糖典藏有兩架這種阿公級的機械式手搖計算機，現在看起來像是很笨重，但在早年可是一項創新的科技產物。

〈臺糖進行曲〉黑膠唱片

「碧海泱泱，現出平疇沃壤，蔗田千萬頃，處處割苗忙；盡人力、加生產，但願甘蔗年年早登場，萬戶喜洋洋。煙突巍巍，機聲軋軋，日夜加工忙 爭取寰球好市場；盡人力，加生產，要為國家民族增富強，增富強。」

這首輕快活潑的旋律、如畫般寫實的歌詞，是很多老一輩糖廠人都記得的〈臺糖進行曲〉，每天上班前的朝會都會播放，讓員工能精神抖擻地展開元氣的一天。居住在廠區宿舍的員工和眷屬，甚至是就讀糖廠附屬學校的學生，對此歌曲也是耳熟能詳，充滿回憶。

關於這首曲子的由來，據記載，是臺糖為了拍攝生產電影所需要的插曲，而採用當時協理雷寶華所作的詞，由省交響樂團指揮王沛綸譜曲，約在一九五〇年十月完成，成為臺糖人最重要的精神食糧。

鋁製手提便當盒

每年製糖期間，工場得二十四小時運轉不休息，員工輪三班，外出吃飯不方便，通常都會自己帶便當。這款員工自製的手提便當盒，造型精巧可愛，不只可以蒸飯，還可以用來煮飯，直接把洗好的米和水放入盒中，利用製造砂模時鐵的熱度，把便當盒放進去，等鐵慢慢冷卻了，飯也煮好了。

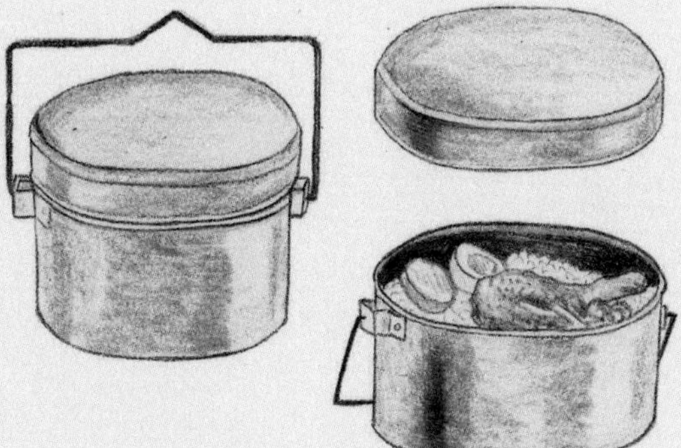

附錄四 甜蜜副產品

臺灣早期的糖業，壓甘蔗取蔗汁製糖，副產物只有蔗渣而已，一直到日治時代引進新式製糖工場後，有了廢蜜及濾泥，才開始有酒精、蔗板等副產品的生產。戰後，臺糖公司成立，對蔗糖副產品的開發更是多元，其中最為大家熟悉的，莫過於冰棒及健素糖了。

臺糖冰棒

臺糖的枝仔冰，很多人都是從小吃到大，古早味的口感，總能喚起大家的兒時回憶。

到底製糖的糖廠，怎麼會賣起冰棒來？「因為做冰要有糖嘛，臺糖自己產糖，所以就做起冰棒來，純粹是服務員工啦！」善化糖廠原料課長鄭炳坤對臺糖冰棒的製作並不陌生，八〇年代公司還特地派他去高雄橋頭糖廠學做冰。談起臺糖冰棒史，他雖不太清楚是從哪一年開始，但自他一九六九年進入臺糖時已經在賣冰棒，推測可能更早之前就有了。

最初，臺糖生產的枝仔冰，是圓管狀的，做法很陽春，充其量只是化開了的糖水「清冰」，後來才有健素冰、紅豆冰、牛奶冰等多種口味。那時臺糖所生產的砂糖以外銷為主，國內民生消費價格很貴，坊間便有以進口化學原料做成的「糖膽」來製冰，只要用一點點就很甜；相對地，臺糖的冰棒因為原料天然，大家都會去買，因此很多糖廠的宿舍都設有冰枝店，由員工的太太兼做冰，子女也會利用寒暑假前來打工、賺學費，賣冰所得全歸員工福利委員會，當作是員工的福利。在那個民眾日常烹調還是使用粗鹽、「糖膽」的年代，臺糖

酵母冰淇淋，為臺糖獨樹一幟的冰品口味。

員工為了拚福利所做的冰棒，無心插柳打響了臺糖冰棒的招牌——那時為講求衛生，臺糖員工要買冰，不是付現金，而是得拿錢先買票，憑「冰票」來買冰，每枝枝仔冰兩毛錢一張的「冰票」，是兩聯單設計；賣多少張，就得回收多少張，每張都有序號。而在臺糖冰店「吃紅茶配枝仔冰」，更是當時最流行的消暑組合，惟在收銀機出現之後，賣多少枝冰棒都有記錄，無須再使用「冰票」，因此大約在一九八六年「冰票」便走入了歷史。

早期冰棒主要的原料是糖水、牛奶粉及其他原料，如紅豆冰就加紅豆、芋仔冰就加芋仔，煮好後放在一格一格的冰盒中，再放置在鹽滷槽（一種冷凍劑）加以冷凍，等到快凝結成固體時，就得趕快插進枝仔，太晚了會插不進去，太軟了又插不住，須得拿捏剛剛好。最後是人工取冰，有時甚至得動用工具，或在冰水中浸一下，使其融化，才容易取出，很是麻煩，不像現在有拔冰機，方便多了。

時代在改變，做冰也一樣，如今臺糖的冰品已有了多樣化的選擇，但不變的是那份古早味，依然備受臺灣人喜愛。

善化糖廠冰店。

健素糖

除了枝仔冰外，臺糖副產品中，讓大家印象深刻的還有健素糖——很多人在小學時都吃過，伴隨著成長，成了童年的回憶之一。

大量生產酵母以供食用，起源於二次大戰期間，德國因缺乏糧食，由學者所研發。而臺灣製糖工業生產食用酵母的歷史，可溯及日治時代，開始自酒精成熟醪中回收酵母，但因產率極低，主要是生產酒精的副產品。戰後，臺糖研究所投入對食用酵母製造的研究，先是從國外引進酵母，以糖蜜為原料，並加以改良，獲得不錯的成效；一九五七年新營酵母工場正式生產，日產四十噸，號稱世界第一大。

事實上新營酵母工場的前身，在日治時期原為「鹽水港製糖會社新營酒精工場」，因酒精可轉化為航空燃料，供日軍航空使用，所以在太平洋戰爭期間成為盟軍轟炸的目標；戰後始由臺糖進行修復，改隸新營糖廠，由釀造課繼續生產酒精。一九五三年臺糖為多角化經營，計畫用糖蜜發酵加工，大量生產酵母粉，並配合擴大養豬事業的需要，利用酵母粉來配製酒精飼料，於是以原酒精工場的設備，籌建酵母工場；新廠房定名為「新營副產加工廠」，一度是臺糖生產酵母粉及酵母相關產品的主要據點，可惜已在二〇〇四年遭到裁撤。

酵母工場所生產的酵母相關產品，大致上有酵母粉、健素、健素糖、香健素、高纖香健素等五項，其中「健素」是純酵母粉去打錠，較小顆粒，因酵母粉有一種特別的氣味，小朋友不愛吃，於是在健素外面裹糖衣，就成了「健素糖」；「香健素」則是除了原料酵母粉外，另添加了玉米粉、白芝麻、奶粉，大小跟健素糖差不多，但顆粒較呈橢圓形，沒有外裹糖衣；至於「高纖香健素」，是在原有的香健素配方中，再添加纖維素，標榜是高纖食品。

這些產品都是以酵母粉為主要原料，而酵母粉則是用酵母菌培養出來的。那個時候，新營酵母工場裡設有培養室，專門培養菌種，以糖蜜為養分，要冰在冰箱裡；有時還得「接種」，這是萬一發酵過程中倒槽了，發酵失敗，可透過「接種」技術來重新培養酵母菌。工場裡有好幾座酵母發酵槽，每一座直徑都約有二、三十公尺長，很大一個，等到酵母液培養好了，就送到分離室，用分離機濾掉水分，留下純的酵母液，透過滾筒式的真空乾燥機乾燥、切片、磨細後，就是酵母粉了。

新營酵母工場在一九五六年以「新營副產加工廠」之名營運後，工廠組織屢有變革，原來的酵母工場及飼料工場在一九六〇年合併為製造工場，到了七〇年代，已逐漸發展成為臺糖的發酵中心，工場規模也跟著擴大，分酵母、飼料、酒精三大工場。一九九三年，新營副產改採事業部方式經營，設飼料、酒精及調理食品三個事業部，其中「調理食品事業部」就是原來的酵母工場轉型的，販售的產品種類也更加多元化，從酵母粉到水餃、燒賣、火鍋料等都有，就在此一時期，北、中、南各地都設有經銷商，一年光酵素相關產品，在臺灣即可賣二、三百公噸，創造近一千萬元的年營業額。

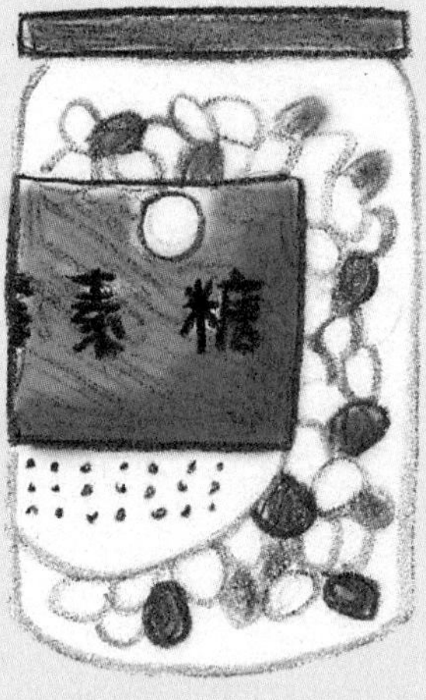

惟新營副產在一九九三年結束酵母工場後，雖仍繼續生產健素糖，但原料已是自國外買來；二〇〇五年生物科技事業部成立，新營副產的業務併入生技部中；到了二〇〇六年爆發臺糖連續十三年進口飼料用的酵母粉來生產健素糖和酵母粉產品事件，讓健素糖蒙上「黑心食品」陰影——受此事件影響，臺糖不再生產酵母產品，五顏六色裹著糖衣，又略帶苦澀甘醇味道的臺糖健素糖，就只能徒留在人們的記憶中了。

參考資料

《臺灣產業文化資產體系與價值 菸、茶、糖篇》，二〇一三年，張崑振著，文化部文化資產局出版。

《台灣輕便鐵道小火車：台灣鐵路火車百科II》，二〇一一年，蘇昭旭著．攝影，人人出版。

《南瀛糖廠誌》，二〇一〇年，周俊霖、許永河著，臺南縣政府出版。

《台灣百年糖紀》，二〇一〇年，楊彥騏著，貓頭鷹出版。

《南瀛糖業誌》，二〇〇九年，周俊霖、許永河著，臺南縣政府出版。

《南瀛鐵道誌》，二〇〇七年，周俊霖、許永河著，臺南縣政府出版。

《台灣的糖業》，二〇〇七年，陳明言著，遠足文化出版。

《台糖六十週年慶紀念專刊——台灣糖業之演進與再生》，二〇〇六年，台灣糖業股份有限公司出版。

《世紀之交的臺灣糖業與蔗農》，二〇〇五年十二月，黃修文撰，國立政治大學歷史學系碩士論文。

《臺灣糖鐵攬勝》，二〇〇三年，許乃懿撰，人人出版。

《台南縣定古蹟「麻豆總爺糖廠」暨閒置空間委託調查、修復計畫、再利用及總體規劃報告》，二〇〇二年，財團法人成大研究發展基金會。

《台糖五十年》，一九九六年，台灣糖業股份有限公司編印。

《慶祝臺灣糖業研究所成立九十週年紀念：臺灣糖業研究之回顧與展望》，一九九二年，臺灣糖業研究所。

《台糖四十年》，一九八六年，台灣糖業股份有限公司編印。

〈蔗作栽培全面機械化的一塊重要拼圖——機械種蔗機到位〉，《台糖通訊》，第二〇三四期。

〈糖金時代的轉輪印記　盡訴糖鐵的美麗與哀愁〉，《台糖通訊》，第二〇三〇期。

〈善糖文物館〉，《台糖通訊》，第二〇二五期。

〈糖詩十八首〉，《台糖通訊》，第二〇一〇期。

〈台糖進行曲，昂揚傳頌一甲子〉，《台糖通訊》，第二〇〇二期。

台糖全球中文入口網 http://www.taisugar.com.tw/chinese/index.aspx

國家圖書館出版品預行編目(CIP)資料

甜蜜蜜：到臺南找甜頭 / 黃微芬文；徐至宏圖 . -- 初版 .
-- [臺中市]：文化部文化資產局；臺南市：南市文化局，
2015.11

面；　公分

ISBN 978-986-04-6213-5(平裝)

1. 糖業 2. 文化觀光 3. 生活史 4. 臺南市

481.80933　104021013

指導單位 | 文化部文化資產局
出　　版 | 文化部文化資產局、臺南市政府文化局
發 行 人 | 施國隆、葉澤山
撰　　文 | 黃微芬、張尊禎（Chapter3 糖廠周邊小旅行）
繪　　圖 | 徐至宏
攝　　影 | Rich J. Mathson、吳欣穎、洪振沖、張尊禎
編　　審 | 臺南市政府文化局
企劃督導 | 周雅菁、林韋旭
行政企劃 | 黃瓊瑩、饒芷禎
審　　訂 | 台灣糖業股份有限公司善化糖廠
地　　址 | 70801 臺南市安平區永華路二段 6 號 13 樓
電　　話 | 06-2991111
網　　址 | http://culture.tainan.gov.tw

編輯承製 | 遠流出版事業股份有限公司
發 行 人 | 王榮文
編輯製作 | 台灣館
總 編 輯 | 黃靜宜
行政統籌 | 張詩薇
執行主編 | 張尊禎
美術設計 | 自由落體設計
地圖繪製 | 邱景琦
行銷企劃 | 叢昌瑜、葉玫玉

ISBN | 978-986-04-6213-5
GPN | 1010401970

地　　址 | 臺北市 100 南昌路二段 81 號 6 樓
電　　話 |（02）2392-6899
傳　　真 |（02）2392-6658
網　　址 | http://www.ylib.com
E-mail | ylib@ylib.com
郵政劃撥 | 0189456-1
法律顧問 | 蕭雄淋律師
印　　刷 | 中原造像股份有限公司
初　　版 | 2015 年 11 月
初版二刷 | 2015 年 12 月
定　　價 | 300 元

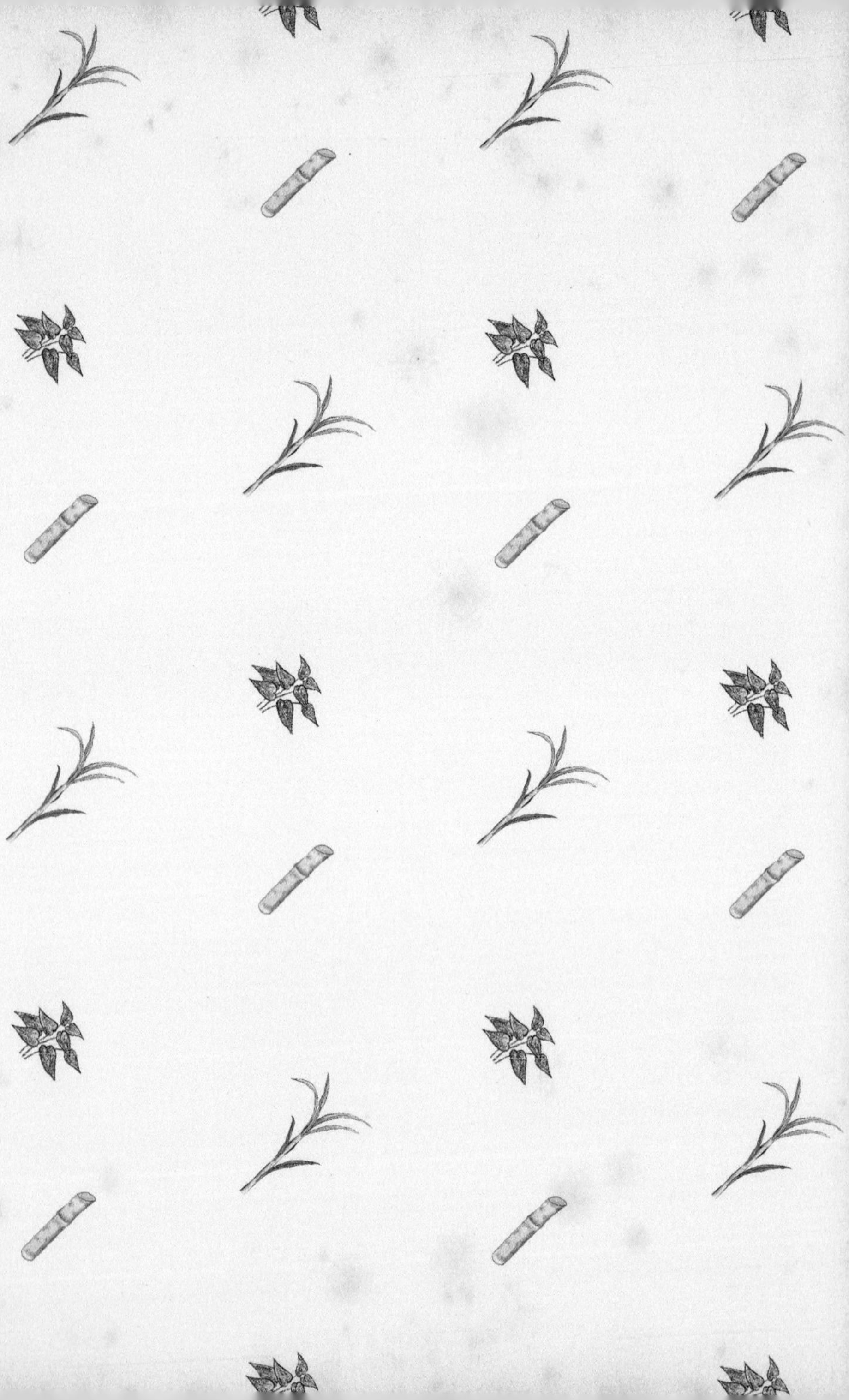